彩图 1　夏洛来牛

彩图 2　利木赞牛

彩图 3　皮埃蒙特牛

彩图 4　蓝白花牛

彩图 5　海福特牛

彩图 6　安格斯牛

彩图 7　短角牛

彩图 8　西门塔尔牛

彩图 9　丹麦红牛

彩图 10　瑞士褐牛

彩图 11　秦川牛

彩图 12　南阳牛

彩图 13　鲁西牛

彩图 14　晋南牛

彩图 15　延边牛

彩图 16　渤海黑牛

彩图 17　蒙古牛

彩图 18　夏南牛

彩图 19　三河牛

彩图 20　中国草原红牛

彩图 21　新疆褐牛

彩图 22　双列式牛舍

彩图 23　多列式牛舍

彩图 24　运动场

彩图 25　运动场上的凉棚

彩图 26　位于运动场上的饲槽

彩图 27　位于牛舍内的饲槽

彩图 28　地上式青贮窖

彩图 29　舍饲育肥牛群

经典实用技术丛书

肉牛高效饲养一本通

主　编　陈晓勇

副主编　李英超　刘嫣然　王　曦

参　编　邵丽玮　董月涛　李希明　马晓菲

　　　　赵晓光　和利民　王朋达

机械工业出版社

CHINA MACHINE PRESS

本书由多年从事肉牛养殖技术研究和推广的专家编写而成，围绕肉牛高效饲养关键技术，从品种选择及利用、肉牛场规划建设、饲料调制和日粮配合、繁殖、饲养管理、常见病防治六个方面深入浅出地介绍了相关基本理论、基本知识和关键技术。本书图文表相结合，使读者更好地理解和掌握肉牛的养殖技术。

　　本书理论密切联系实际，注重科学性、实用性、系统性和先进性，内容全面，重点突出，通俗易懂，可供牛场饲养人员、技术人员和管理人员使用，也可以作为大、中专学校和农村函授及培训班的辅助教材和参考书。

图书在版编目（CIP）数据

肉牛高效饲养一本通／陈晓勇主编. -- 北京：机械工业出版社，2024. 12. --（经典实用技术丛书）.

ISBN 978 - 7 - 111 - 77168 - 5

Ⅰ. S823. 9

中国国家版本馆 CIP 数据核字第 2024S8J739 号

机械工业出版社（北京市百万庄大街 22 号　邮政编码 100037）
策划编辑：周晓伟　高　伟　　责任编辑：周晓伟　高　伟　刘　源
责任校对：肖　琳　李小宝　　责任印制：单爱军
保定市中画美凯印刷有限公司印刷
2025 年 1 月第 1 版第 1 次印刷
145mm×210mm・6. 75 印张・2 插页・206 千字
标准书号：ISBN 978-7-111-77168-5
定价：35. 00 元

电话服务　　　　　　　　　　网络服务
客服电话：010-88361066　机　工　官　网：www. cmpbook. com
　　　　　010-88379833　机　工　官　博：weibo. com/cmp1952
　　　　　010-68326294　金　书　网：www. golden-book. com
封底无防伪标均为盗版　机工教育服务网：www. cmpedu. com

Preface 前言

近年来，随着科学技术的进步，肉牛养殖技术研究取得了重要进展。了解并熟练运用这些高效饲养关键技术，有助于养殖者科学饲养，提高效益，增收致富。

本书由多年从事肉牛养殖技术研究和推广的专家编写而成，围绕肉牛高效饲养关键技术，从肉牛品种选择及利用、肉牛场规划建设、饲料调制和日粮配合、繁殖、饲养管理、常见病防治六个方面深入浅出地介绍了相关基本理论、基本知识和关键技术。肉牛体貌特征是辨识肉牛品种的重要基础，性能测定是了解肉牛生产性能的重要手段，在讲解了体貌特征和性能测定技术后，介绍了国内外肉牛品种及利用技术；规模养殖是获得高效益的关键因素，肉牛场的规划建设是规模养殖的前提，为此介绍了肉牛场的规划建设及环境控制相关知识和技术；饲料调配是搞好肉牛养殖的重要方面，重点介绍了饲料中的营养物质及肉牛营养需要，同时介绍了青干草、青贮饲料、秸秆的加工调制技术；繁殖管理是肉牛场能否高产出、高效益的关键环节，为此介绍了公、母牛的生殖器官及其生理功能、繁殖规律、发情鉴定、人工授精、妊娠诊断、母牛接产及产后护理、产后母牛诱导发情等技术；从阶段化饲养的角度，介绍了犊牛、育成母牛、繁殖母牛、种公牛、育肥牛的饲养管理，并从牛群管理角度介绍了档案管理和生产计划管理；最后从健康管理和疾病防控的角度介绍了健康指标、常规免疫、常用给药方法及常见传染病、常见消化系统疾病、常见寄生虫病、犊牛常见病和母牛常见病等。

需要特别说明的是，本书所用药物及其使用剂量仅供读者参考，不可照搬。在生产实际中，所用药物学名、常用名和实际商品名称有差异，药物浓度也有所不同，建议读者在使用每一种药物之前，参阅厂家提供的产品说明以确认药物用量、用药方法、用药时间及禁忌等。购买兽药时，执业兽医有责任根据经验和对患病动物的了解决定用药量及选择最佳治疗方案。

由于编者水平有限，书中不足之处敬请提出宝贵意见和建议。

编　者

Contents 目录

第一章　肉牛品种选择及利用关键技术

第一节　国外肉牛品种特点及其分布区域

据估计，全世界约有 60 多个专门化的肉牛品种，其中英国有 17 个，法国、意大利、美国各 11 个。国外的肉牛品种，按体形大小和产肉性能，大致可分为下列 3 大类：

（1）大型品种　产于欧洲大陆，原为役用牛，后转为肉用牛。其特点为体格高大，肌肉发达，脂肪少，生长快，但晚熟。成年公牛体重 1000 千克以上，成年母牛体重 700 千克以上，成年母牛体高在 137 厘米以上。如法国的夏洛来牛、利木赞牛，意大利的皮埃蒙特牛等。

（2）中、小型早熟品种　主产于英国，其特点为生长快，胴体脂肪含量高，皮下脂肪厚，体形较小，一般成年公牛体重为 550 ~ 700 千克，成年母牛为 400 ~ 500 千克，成年母牛体高在 127 厘米以下的为小型，体高为 128 ~ 136 厘米的为中型。如英国的海福特牛、安格斯牛、短角牛等。

（3）兼用品种　多为乳肉兼用或肉乳兼用，主要品种有西门塔尔牛、丹麦红牛、瑞士褐牛。

一、大型品种

1. 夏洛来牛（Charolais）

（1）产地及分布　夏洛来牛是法国著名的大型肉牛品种，原产于法国夏洛来及涅夫勒地区。夏洛来牛是法国最古老的牛种之一，最早为役用牛，18 世纪开始系统选育成肉牛品种。该牛种以体形大、生长迅速、瘦肉多、饲料转化率高而著名。

（2）外貌特征　夏洛来牛体躯高大强壮，全身被毛为白色或乳白色，皮肤常有色斑，牛角、蹄部为黄色，角部向前方或两侧伸展。夏洛来牛肌肉发达，腿部深圆，背部肌肉丰满，腰部宽厚，尻部丰满（彩图1）。公牛常有双鬐甲、凹背的体形弱点。

（3）生产性能 生长速度快，瘦肉产量高，可以用较低的饲料成本短期内生产出较多的瘦肉量。但肌肉纤维较粗，导致肉质嫩度不好。

夏洛来牛15月龄前的日增重超出其他品种牛，根据法国国家农业研究院1967—1970年的测定，公、母犊平均日增重分别能达到1000～1200克、1000克，育肥期间能达到1880克。在良好的饲养条件下，6月龄公、母犊平均体重分别可达256千克、219千克，12月龄公、母犊平均体重分别可达525千克、360千克。屠宰率为65%～70%，胴体产肉率为80%～85%。

夏洛来牛早熟性、产奶性能良好。母牛平均产奶量为1700～1800千克，个别达到2700千克，乳脂率为4.0%～4.7%。母牛396日龄开始发情，17～20月龄时可以配种，缺点是纯种繁殖时难产率较高。

夏洛来牛作为改良中国黄牛的优秀父本，杂交后代12月龄体重是本地黄牛公犊的2.6倍、母犊的3.1倍。

2. 利木赞牛（Limousin）

（1）产地及分布 利木赞牛原产于法国中部利木赞高原，为大型肉用品种。在法国主要分布于中部和南部广大地区，数量仅次于夏洛来牛，为欧洲重要的肉牛品种。我国于1974年开始引进，主要分布于我国中北部地区各省区市。

（2）外貌特征 利木赞牛被毛为红色或黄色，颜色深浅不一，嘴、眼、腹下、四肢、尾部毛色较浅，呈粉红色，皮肤柔软、有斑点。公牛角短粗，向两侧伸展略外卷，呈白色。利木赞牛体大骨细，早熟。全身肌肉丰满，垂皮发达，前肢及后躯肌肉突出明显，胸部肌肉发达。体躯长宽，四肢短而强健，头部短小，额宽，胸部宽深，肩峰隆起，尻部宽平（彩图2）。

（3）生产性能 利木赞牛肉用性能好，发育快，早熟，适应性强，耐粗饲，生长快，尤其是幼年时期，8月龄犊牛就可以生产出具有大理石纹的牛肉，不少国家用其生产"小牛肉"。在良好的饲养条件下，犊牛在断奶后生长迅速，12月龄体重可达450～480千克，平均日增重为1000克，屠宰率为68%～70%，牛肉品质好，脂间层具有明显的大理石花纹，瘦肉率高达 80%～85%。

母牛生产能力强，很少难产，容易受胎。同时，产奶性能较好，乳脂率较高，平均产奶量能达到 1200 千克。性早熟，母牛初情期通常在1岁左右。

目前，我国用利木赞牛改良当地黄牛，杂种优势明显。

3. 皮埃蒙特牛（Piemontese）

（1）产地及分布 皮埃蒙特牛原产于意大利北部皮埃蒙特地区，是在役用牛基础上长期选育而成的专门化肉用品种。20世纪引入夏洛来牛杂交，而具有"双肌"基因，是目前国际上公认的终端父本，已经被很多国家引进。1986年我国引入皮埃蒙特牛冻精与胚胎，在河南省南阳市移植了少数胚胎，培育了最初的几头纯种皮埃蒙特牛，之后在全国推广。

（2）外貌特征 皮埃蒙特牛属于肉乳兼用品种，该牛体形高大，体躯呈圆筒状，肌肉发达，毛色为乳白色或浅灰色（彩图3）。公牛肩胛毛色较深，在性成熟后，颈部、眼圈及四肢下部为黑色；母牛毛色为全白色，尾帚均呈黑色，个别眼圈、耳朵四周为黑色。犊牛幼龄时毛色为乳黄色，鼻镜为黑色。

（3）生产性能 皮埃蒙特牛生长快，育肥期平均日增重 1500 克。肉用性能好，屠宰率一般为 65%～70%，肉质细嫩，脂肪含量少，比一般牛肉低 30%，瘦肉含量高，胴体瘦肉率达 84.13%，胴体瘦肉量高达340 千克，比较适合国际牛肉消费市场的需求。成年公、母牛体高分别为 143 厘米、130 厘米。公、母犊出生重分别为 41.3 千克、38.7 千克。肉用性能十分突出，其育肥平均日增重为 1500 克，饲料转化率高，成本低，为肉用品种之首。公牛一般在 15～18 月龄即可达到屠宰适期，此时体重 550～600 千克。母牛 14～15 月龄体重可达 400～450 千克。皮埃蒙特母牛泌乳期平均产奶量为 3500 千克，乳脂率为 4.17%。该品种作为肉用牛有较高的产奶性能，改良黄牛其母性后代的产奶性能有所提高。我国于 1987 年和 1992 年先后从意大利引进其冻胚和冻精，育成公牛，采集精液供应全国，展开了对中国黄牛的杂交改良工作。

4. 蓝白花牛（Belgian Blue）

（1）产地及分布 蓝白花牛原产于比利时，是大型肉牛品种，最早是由原产于比利时北部的短角型蓝花牛与荷兰弗里生牛杂交获得的混血牛。蓝白花牛同时也是欧洲大陆黑白花牛血统的一个分支，是这个血统中唯一被育成纯肉用的专门品种，大多分布在比利时中北部。我国于1996—1997年将该品种引入山西和河南，由河南农业科学院生物技术所牧场繁育，并供应种牛、冻精和胚胎。

（2）外貌特征 蓝白花牛个体高大，体躯呈长筒状，体表肌肉发达，后臀部尤其明显。头部相对较轻小，角细并向侧向下伸出，颈粗短，前胸宽、深，背腰宽平，肩胛肌肉凸出，四肢结实。由于胸深而前肢显得较短。毛色主要为蓝白色相间或者乳白色，也有灰黑色与白色相间，多在头、颈及中躯臀部有蓝色或黑色斑点，斑点大小、分布变化较大，有些牛身上斑点呈点状或片（带）状。四肢下部、尾帚多为白色（彩图4）。

（3）生产性能 蓝白花牛是人工选育的肌肉生长抑制素基因突变牛。由于蓝白花牛具有性格温顺、生长速度快、体形大、早熟、适应性广、瘦肉率高、肉质细嫩等优点，已被许多国家引入，作为肉牛杂交的终端父本，并且为一些引入国家的肉牛生产带来较好的经济效益。该品种犊牛早期生长发育迅速，最高日增重高达1400克。成年公牛体高为148厘米左右，体重为1200千克左右；成年母牛体高为134厘米左右，体重为725千克左右，屠宰率能达到65%。

二、中小型早熟品种

1. 海福特牛（Hereford）

（1）产地及分布 海福特牛原产于英格兰西部威尔士地区的海福特郡，是英国最古老的中小型早熟肉牛品种。早在18世纪中叶，随着英国工业革命的发展，社会对肉品的需求急剧增加，许多专门化的肉牛品种应时育成。海福特牛就是在这种条件下，由当地牛经长期向肉用方向选育而成的品种之一。该品种的原产地有广阔的天然牧场，牧草丰富，在当地海福特牛靠放牧饲养。现在在世界各国都有该品种的分布，我国在新中国成立前后均有引进，尤其适于北方的自然条件。

（2）外貌特征 海福特牛分为有角与无角两个类型，有角型的牛角呈白色或蜡黄色，公牛角向下方弯曲，母牛角尖则向上翘起。体躯宽深，前胸发达，垂皮明显，肌肉肥满，四肢短，尻部丰满，呈长方形或矩形。被毛暗红色，具有"六白"特征，即头、颈、垂皮、腹下、四肢下部及尾为白色，皮肤为橙黄色（彩图5）。

（3）生产性能　海福特牛为小型肉用品种，有育肥年龄早、饲料转化率高的特点。饲养良好条件下其周岁牛体重可达725千克，日增重为1400克，400日龄的屠宰率一般为60%～64%，育肥后可达67%～70%，净肉率达60%。肉质嫩，多汁，呈大理石花纹状。脂肪主要沉积于内脏，皮下结缔组织和肌间脂肪较少。

海福特牛性早熟，繁殖能力强。小母牛6月龄时即可发情，育成母牛在15～18月龄、体重达到445千克时开始配种。

2. 安格斯牛（Angus）

（1）产地及分布　安格斯牛原产于英国的阿伯丁、安格斯和金卡丁等郡，全称阿伯丁-安格斯牛（Aberdeen- Angus），是英国最古老的肉牛品种之一。安格斯牛大致在18世纪末开始育种，近几十年在美国分布较多。美国、加拿大等国选育出了红色安格斯牛，安格斯牛在美国的数量可达当地肉牛数量的1/3。我国的安格斯牛主要是从英国、澳大利亚及加拿大引入的。

（2）外貌特征　安格斯牛因其被毛黑色、无角，又被叫作无角黑牛。也有被毛为红色的，腹下脐部有时呈白色。体格低矮，体质紧凑。头小额宽，头部清秀，体躯宽而深，呈圆筒形。四肢短而端正，全身肌肉丰满（彩图6）。

（3）生产性能　安格斯牛生长快对环境适应性好，耐粗饲、耐寒、易于管理。具有良好的增重性能，日增重约1000克。早熟易肥，胴体品质和产肉性能均高。育肥牛屠宰率一般为60%～65%。肉质好，大理石花纹明显。

安格斯牛12月龄性成熟，18～20月龄可以初配。繁殖力强，难产率低，连产性好，犊牛成活率高，因而作为母系首选的品种之一。

3. 短角牛（Short Horn）

（1）产地及分布　短角牛是英国最早登记的品种，原产于英格兰北部蒂斯河流域。该品种牛是由当地土种长角牛经改良而成，开始为肉用，后因产奶量高一部分改良成为乳肉兼用型，现有肉用型和兼用型两种类型。因其角较为短小被称为短角牛。该品种的培育始于16世纪末17世纪初，20世纪初英国进一步对该品种肉用品质及乳用特征进行严格的选育，形成了该品种的两种类型，尤其是肉用型短角牛现已分布于世界各地，主要在美国、澳大利亚、新西兰及欧洲各地分布。

（2）外貌特征　短角牛被毛以红色为主，有白色和红白交杂的沙毛个体，部分个体腹下或乳房部有白斑；鼻镜为粉红色，眼圈色浅；皮肤细致柔软。该品种体形为典型肉用牛体形，侧望体躯为矩形，背部宽平，背腰平直，尻部宽广、丰满，股部宽而多肉。体躯各部位结合良好，头短，额宽平；角短细、向下稍弯，角呈蜡黄色或白色，角尖部呈黑色，颈部被毛较长且多卷曲，额顶部有丛生的被毛。兼用型短角牛乳用特征明显，乳房发达，体格较大（彩图 7）。

（3）生产性能　肉用型 200 日龄公犊平均体重为 209 千克，400 日龄可达 412 千克。育肥期日增重可达 1000 克以上。早熟性好，肉用性能突出，耐粗饲，增重快，产肉多，肉质细嫩。屠宰率为 65% 以上。大理石花纹明显，但脂肪沉积不够理想。兼用型平均产奶量为 3310 千克，乳脂率为 3.69% ~ 4.0%，高产牛产奶量可达 5000 ~ 10000 千克甚至更多。在我国吉林省通榆县繁育了约 40 年的短角牛，第一泌乳期产奶量平均为 2537.1 千克，以后各泌乳期为 2826 ~ 3819 千克，其肉用性能与肉用型短角牛相似。

短角牛被中国的自然环境条件的风土驯化很快，适应性良好。特别是对于内蒙古高原草原地区的干燥寒冷的自然环境表现出强大的适应能力，同时具有适宜草原地区放牧饲养的优良特性。近年来，短角牛产奶量不断提高，生长发育迅速，体质强健，发病率少。

三、兼用品种

1. 西门塔尔牛（Simmental）

（1）产地及分布　西门塔尔牛原产于瑞士阿尔卑斯山区的河谷地带、西门塔尔平原和萨能平原，以西门塔尔平原产的牛最为出色得名。它原是瑞士的大型乳、肉、役三用品种，占其总牛数的 50%。其肉用、产奶性能并不比专门的肉用和乳用品种逊色。1978 年，西门塔尔牛建立了良种登记簿，选育工作效果显著。19 世纪中期，世界上许多国家开始引进西门塔尔牛，并培育成本国品种，因此该品种广泛分布于欧洲、南美、北美、亚洲、南非等地区。西门塔尔牛现已分布到很多国家，成为世界上分布最广，数量最多的乳、肉、役兼用品种之一。此品种在 20 世纪 60 年代被引入我国，并在黑龙江生产建设兵团成功饲养，1990 年，山东省畜牧局牛羊养殖基地引进该品种。西门塔尔牛在引入我国后，对我国各地的黄牛改良效果非常明显，杂交一代的生产性能一般都能提高 30% 以上，因此很受欢迎。

（2）外貌特征 西门塔尔牛毛色多为黄白花或浅红白花，头、胸、腹下、四肢、尾帚多为白色，皮肤为粉红色。体形大，呈正方形。体躯长，骨骼粗壮结实，后躯较前躯发达，中躯呈圆筒形。头长面宽，角部细致并向外上方弯曲。四肢强壮，蹄圆厚。乳房发育中等，额颈上有卷曲毛。乳头粗大，乳静脉发育良好（彩图 8）。

（3）生产性能 西门塔尔牛适应性强，耐粗饲，易管理。肉、乳兼用性能佳。该品种体格大、生长快、肌肉多、脂肪少。公牛体高可达 150~160 厘米，母牛可达 135~142 厘米。腿部肌肉发达，体躯呈圆筒状、脂肪少。早期生长速度快，并以产肉性能高、胴体瘦肉多而出名。育肥期平均日增重为 1500~2000 克，12 月龄的牛可达 500~550 千克。牛肉等级明显高于普通牛肉。肉色鲜红、纹理细致、富有弹性、大理石花纹适中、脂肪色泽为白色或带浅黄色、脂肪质地有较高的硬度、胴体体表脂肪覆盖率为 100%。平均产奶量为 4000 千克以上，乳脂率为 4%。与我国北方黄牛杂交，后代体格增大，生长加快，是我国黄牛品种改良中的重要父本。

2. 丹麦红牛（Danish Red）

（1）产地及分布 丹麦红牛原产于丹麦，是由安格勒牛、乳用短角牛与当地北斯勒准西牛进行杂交改良形成的乳、肉兼用品种。丹麦红牛于 1878 年育成，在世界各地均有分布。为了进一步提高丹麦红牛的生产性能，消除由于长期纯繁和近交而引起的难产、死胎、犊牛死亡率高等缺点，1972—1985 年间相继导入瑞典的红白花牛、芬兰爱尔夏牛、荷兰红白花牛、美国瑞士褐牛及法国利木赞牛的基因，近年再次导入美国瑞士褐牛的基因。1984 年我国引入该品种，分别饲养在西北农林科技大学和吉林省畜牧兽医研究所，现分布于我国陕西关中地区、甘肃庆阳市、宁夏、吉林、辽宁瓦房店市、河南等地区。丹麦红牛以乳脂率、乳蛋白率高，对结核病有抵抗力而著称。

（2）外貌特征　丹麦红牛全身被毛为红色或深红色，被毛短且柔软有光泽，一般该品种公牛毛色比母牛深。鼻镜呈浅灰色至深褐色，蹄壳为黑色，部分牛乳房或腹部有白斑毛。体格较大，体躯方正深长，背腰平直，四肢粗壮结实，胸骨向前凸出，有明显的垂皮。乳房发达而匀称，乳头长至 8～10 厘米。牛角短而致密，常有背线稍凹，后躯隆起的特点（彩图9）。

（3）生产性能　成年公、母牛活重分别为 1000～1300 千克、650 千克；其体高分别为 148 厘米、132 厘米。犊牛初生重 40 千克。12 月龄公、母牛活重分别为 450 千克、250 千克，24 月龄公、母牛活重分别为 720 千克、425 千克。丹麦红牛产肉性能好，屠宰率一般为 54%。在用精料育肥下，12～16 月龄的小公牛，平均日增重为 1010 克，屠宰率为 57%，胴体中肉占 72%（其余脂肪占 12%，骨占 16%）；22～26 月龄的去势小公牛，平均日增重为 640 克，屠宰率为 56%，胴体中肌肉占 65%（其余脂肪占 17%，骨占 18%）。犊牛哺乳期平均日增重为 1020 克。产奶性能，1985—1986 年丹麦红牛有产奶记录的母牛 8.35 万头，平均产奶量为 6275 千克，乳脂率为 4.17%。1989—1990 年平均产奶量为 6712 千克，乳脂率为 4.31%，乳蛋白质含量为 3.49%。最高终生产奶量为 10 万千克以上。在我国饲养条件下，305 天产奶量为 5400 千克，乳脂率为 4.21%，最高个体达 7000 千克。

3. 瑞士褐牛（Brown Swiss）

（1）产地及分布　瑞士褐牛是最古老的奶牛品种，原产于瑞士阿尔卑斯山区，主要在瓦莱斯地区，由当地的短角牛在良好的饲养管理条件下经过长时间选种选配育成属于乳、肉、役三用品种。瑞士褐牛在 1869 年首次被引入美国，瑞士褐牛协会成立于 1880 年。后期经过选育，瑞士褐牛成为以乳用为主的兼用型品种，主要分布在美国、加拿大、德国、波兰、奥地利等国，全世界约有 600 万头。

（2）外貌特征　瑞士褐牛毛色不一，从浅褐色到灰褐色均有，少数个体几乎为白色。蹄壳、角尖、鼻镜上通常有黑色素沉积，四肢内侧、鼻镜、乳房毛色较浅，在鼻镜四周有一浅色或白色带。头宽短，额稍凹陷，颈短粗，垂皮不发达，胸深，背线平直，尻宽而平，四肢粗壮结实，乳房匀称，发育良好（彩图10）。成年公牛体重约为 1000 千克，母牛为

500～550 千克。

（3）生产性能 瑞士褐牛性成熟较晚，一般 2 周岁时配种。该品种四肢强壮，骨骼结实，使用寿命长，耐粗饲，产奶量较高，具有良好的环境适应性，可适应各种气候及饲养管理条件。18 月龄活重可达485 千克，屠宰率为 50%～60%；产奶量为 2500～3800 千克，乳脂率为 3.2%～3.9%。美国于 1906 年将瑞士褐牛育成为乳用品种，1999 年美国乳用瑞士褐牛 305 天平均产奶量达 9521 千克。

第二节 国内肉牛品种特点及其分布区域

中国是世界上牛品种最多的国家之一，共有 113 个牛品种，其中包括 71 个普通牛品种，13 个牦牛品种，28 个水牛品种，1 个半野生濒危品种独龙牛。目前，支撑肉牛产业的品种有 70 个，其中地方黄牛品种52 个（表 1-1），培育品种 8 个，主要引入品种 10 个。

秦川牛、南阳牛、鲁西牛、晋南牛、延边牛被誉为我国五大良种黄牛，自农耕文明开始以来，我国的养牛业一直以役用为主，因此牛的后躯普遍不发达、产肉率较低、生长速度慢，目前正逐步向肉用方向改良。

表 1-1 52 个地方黄牛品种

分类	中原黄牛 （9 个）	北方黄牛 （13 个）	南方黄牛 （30 个）		
品种名	秦川牛 南阳牛 鲁西牛 晋南牛 渤海黑牛 郏县红牛 冀南牛 平陆山地牛 蒙山牛	延边牛 复州牛 蒙古牛 哈萨克牛 西藏牛 太行牛 拉萨黄牛 柴达木黄牛 阿勒泰白头牛 阿沛甲咂牛 日喀则驼峰牛 樟木黄牛 甘孜藏黄牛	大别山牛 枣北牛 巴山牛 巫陵牛 盘江牛 雷琼牛 云南高峰牛 荡脚牛 徐州黄牛 吉安黄牛 锦江黄牛 闽南牛	涠洲黄牛 凉山黄牛 平武黄牛 三江牛 峨边花牛 川南山地黄牛 务川黑牛 黎平黄牛 威宁黄牛 邓川牛 温岭高峰牛 台湾牛	皖南牛 广丰牛 舟山牛 南丹黄牛 迪庆黄牛 昭通黄牛

第一章

一、我国地方黄牛品种

1. 秦川牛

(1) 产地及分布　秦川牛的起源在学术界众说纷纭，较为一致的观点是秦川牛的选育开始于南北朝时期，最终形成在唐朝时期。秦川牛因产于"八百里秦川"而得名，主要分布在关中地区，包括渭南、临潼、蒲城、富平、大荔、咸阳、兴平、乾县、礼泉、泾阳、三原、武功、扶风、岐山 14 个县、市。关中地区是我国粮棉作物主产区，土地肥沃，饲草资源丰富，农作物种类多，农民饲养牛的经验丰富。经过长期的选择，秦川牛逐渐固定了体格高大、役用力强、性情温顺的特点，再加上关中地区大量种植苜蓿等优良饲草，形成了优良的基础牛群。秦川牛耐粗饲、抗逆性强、肉质细且鲜嫩，位居我国五大良种黄牛之首，是我国肉牛的优质种质资源及珍稀的地方黄牛品种。

(2) 外貌特征　秦川牛体质强健，体形相对较大，骨骼粗壮，发育均匀，肌肉丰腴，后躯较前躯不够丰满。角细致，短而钝、多向外下方或向后稍弯，呈肉色或者近似棕色。鼻镜多呈肉红色，也有黑灰色及黑色斑点等色，蹄壳分红色、黑色和红黑相间 3 色，以红色居多。毛色有紫红色、红色、黄色 3 种，以紫红色和红色居多。四肢端正而粗壮，前肢间距较宽，后肢跗关节靠近，蹄形圆大。公牛头大额宽，整体粗壮、丰满，符合"五短一长"（"五短"指脖子、四肢短，"一长"指腰身长）的特征，颈上部隆起，垂皮发达，肩长而斜，前躯发育良好，背腰平直，长短适中，荐部稍隆起，一般多是斜尻（彩图 11）。公牛胸部很发达，肋骨长且开张。母牛头清秀，口方，面平，眼大而圆，角短而钝，颈部短，厚度适中。

(3) 生产性能　秦川牛的肉用性能及役用性能兼备，经过多年选育，肉用性能更为突出。其肉质细嫩，口感良好，肌内脂肪丰富，大理石花纹 1、2、3 级分别占 75%、20%、5%，优于绝大部分进口牛肉。秦川牛的牛肉在肌纤维密度、肌肉干物质含量、总氨基酸含量和肌苷酸含量方面均较高。通过选育，秦川牛的肉用性状虽然得到了极大的发展，但目前在产肉率、饲料转化率等方面与优质肉牛品种还有一定的距离。在中等饲养条件下，18 月龄平均屠宰率为 58.3%，净肉率为 50.5%。母

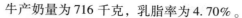

牛产奶量为 716 千克, 乳脂率为 4.70%。

2. 南阳牛

(1) 产地及分布 原产于河南南阳地区白河和唐河流域的广大平原地区, 以南阳市郊区、唐河为主。邓州市、新野、镇平、社旗、方城等地区为主产区, 另外许昌、周口、驻马店等地区分布也较多。主产区位于农业发达、牧草丰富的中原地区, 有充足的饲料及优良的饲养条件。南阳牛有山地牛与平原牛之分, 前者主要分布在伏牛山南北及桐柏山附近的新野、泌阳、方城等地区, 后者主要分布在唐河和白河流域广大平原地区。

(2) 外貌特征 南阳黄牛属大型肉役兼用品种。体格高大, 肌肉发达, 结构紧凑, 皮薄毛细, 行动迅速, 鼻镜宽, 口大方正, 肩部宽厚, 胸骨突出, 肋间紧密, 背腰平直, 荐尾略高, 尾巴较细。四肢端正, 筋腱明显, 蹄质坚实。牛头部雄壮方正, 额微凹, 颈短厚稍呈方形, 颈侧多有皱襞, 肩峰隆起 8～9 厘米, 肩胛斜长, 前躯比较发达, 睾丸对称。母牛头清秀, 较窄长, 颈薄呈水平状, 长短适中, 一般中后躯发育较好。但部分牛存在胸部深度不够, 尻部较斜和乳房发育较差的缺点。南阳黄牛的毛色有黄、红、草白色三种, 以深浅不等的黄色为最多, 占 80%。红色、草白色较少。一般牛的面部、腹下和四肢下部毛色较浅, 鼻镜多为肉红色, 其中部分带有黑点, 鼻黏膜多数为浅红色。蹄壳以黄蜡色、琥珀色带血筋者为多。公牛角基较粗, 以萝卜头角和扁担角为主; 母牛角较细、短, 多为细角、扒角、疙瘩角。公牛最大体重可达 1000 千克以上 (彩图 12)。

(3) 生产性能 公牛育肥后, 1.5 岁平均体重可达 441.7 千克, 日增重为 813 克, 屠宰率为 55.6%。3～5 岁阉牛经强度育肥, 屠宰率可达 64.5%, 净肉率达 56.8%。母牛产奶量为 600～800 千克, 乳脂率为 4.5%～7.5%。南阳牛公、母牛都善走, 挽车与耕作迅速, 有"快牛"之称, 役用能力强。

3. 鲁西牛

(1) 产地及分布 鲁西牛也称山东牛, 是优良的地方黄牛品种。主要产于山东西南部, 以菏泽市的郓城、巨野、梁山和济宁市的近郊及嘉祥、金乡、汶上等县为中心产区, 北起黄河, 南至黄河故道, 东至运河两岸的三角地带。产区地势平坦，土质黏重、面积大、耕作费力，加之当地交通较为闭塞，其他役用畜类饲养甚少，耕作运输基本要靠牛来承担，且当地农具与车辆较为笨重，这些条件促进了鲁西牛成为大型牛。

（2）外貌特征 鲁西牛被毛从浅黄色到棕红色都有，以浅黄色最多，一般前躯毛色较后躯深，公牛毛色较母牛的深。多数牛具有完全、不完全的"三粉"特征，即眼圈、口轮、腹下与四肢内侧为粉白色。鼻镜多为浅肉色，部分牛的鼻镜有黑斑或黑点。牛角型多为"倒八字"角或"扁担"角，母牛角型以"龙门"角较多，呈蜡黄色或琥珀色。多数牛尾帚毛色与体毛一致，少数牛在尾帚长毛中混生白毛或黑毛（彩图13）。公牛肩峰高而宽厚，胸深而宽，前躯发达，垂皮明显；中躯背腰平直，肋骨拱圆开张。前蹄形如木碗，后蹄较小而扁长。母牛鬐甲较平，前胸较窄，头较长而清秀，口形方大，颈部较长，眼大明亮有神，四肢强健，蹄多为琥珀色，后躯发育较好，背腰短而平直，尻部稍倾斜，尾细长呈纺锤形。体形结构分为三类：高辕牛、抓地虎与中间型。

（3）生产性能 鲁西牛产肉性能良好。皮薄骨细，产肉率较高，肌纤维细，脂肪分布均匀，呈明显的大理石状花纹。1～1.5岁牛平均日增重为610克，屠宰率为53%～55%，净肉率为47%左右。母牛性成熟早，一般10～12月龄开始发情，母牛初配年龄多在1.5～2周岁，终生可产犊7～8头，最高可达15头。公牛性成熟较母牛稍晚，一般1岁左右可产生成熟精子，2～2.5岁开始配种，利用年限为5～7年，如利用得当，10岁后仍有较好配种能力；性机能最旺盛在5岁以前；射精量一般为5～10毫升，精子耐冻性随个体而有较大差异。鲁西牛性情温驯，易管理，便于发挥最大的工作能力。

鲁西牛对高温适应能力较强，而对低温适应能力则较差。一般在30～35℃高温下基本能正常使役。鲁西牛在冬季-10～-5℃以下的条件下，要求有严密保暖的厩舍，否则严冬易冻死。鲁西牛的抗病力较强，有较强的抗焦虫病能力。

4. 晋南牛

（1）产地及分布 晋南牛产于山西省晋南盆地，包括运城市的万荣、河津、永济、运城、夏县、闻喜、芮城、临猗、新绛，以及临汾市的侯马、曲沃、襄汾等地，以万荣、河津和临猗3县市的数量最多、质量最好。晋南盆地位于汾河下游，傍山地带泉水丰富，气候温和，具有温暖带大陆性半湿润季风气候特征。夏季高温多雨，年平均气温为 10～14℃，年降水量为 500～650 毫米，无霜期为 160～220 天。当地土壤为褐土，土层厚，适宜农作物生长。当地农作物种类丰富，产量高，素有"山西粮仓"之称，农作物以小麦、棉花为主，当地有种植豆科植物与小麦、棉花轮作的习惯，因而土地肥力好。该地有大面积的山区丘陵地及汾河、黄河的河滩地带，这些地方分布有良好的天然草场，为晋南牛提供了大量优质饲料及放牧地。当地还有独特的调制饲草的方法，就是把青苜蓿和小麦秸秆分层铺在场上碾压，使苜蓿的汁液被小麦秸秆充分吸收，晾干后作为黄牛枯草期的粗饲料。

（2）外貌特征　晋南牛属大型肉役兼用品种。体躯高大结实，具有役用牛体形外貌特征。公牛头中等长，额宽，顺风角，颈较粗而短，垂皮比较发达，前胸宽阔，肩峰不明显，臀端较窄，蹄大而圆，质地致密；母牛头部清秀，乳房发育较差，乳头较细小。毛色以枣红色为主，鼻镜呈粉红色，蹄趾也多呈粉红色。晋南牛体格粗大，胸围较大，体较长，胸部及背腰宽阔，成年牛前躯较后躯发达，具有明显的役用体形（彩图 14）。成年公牛平均体重为 607 千克，体高为 139 厘米；母牛平均体重为 339 千克，体高为 117 厘米。

（3）生产性能　晋南牛具有良好的役用性能，挽力大，速度快，持久力强。晋南牛产肉性能尚好。在生长发育晚期进行育肥时，饲料转化率和屠宰成绩较好，是向肉役兼用方向选育有希望的地方品种之一，但目前还存在着乳房发育较差、产奶量低、尻斜而尖等缺点。成年公牛育肥后屠宰率可达 52.3%，净肉率为 43.4%。母牛产奶量为 745.1 千克，乳脂率为 5.5%～6.1%。9～10 月开始发情，2 岁配种，终生产犊 7～9 头。

5. 延边牛

（1）产地及分布　延边牛是东北地区优良地方牛种之一。延边牛产于东北三省东部的狭长地带，分布于吉林省延边朝鲜族自治州的延吉、和龙、汪清、珲春等地；黑龙江省的宁安、海林、东宁、林口、汤原、桦南、桦川、依兰、勃利、五常、尚志、延寿、通河等地；辽宁省宽甸满族自治县及沿鸭绿江一带。延边朝鲜族自治州位于吉林省东部山麓地带，属大陆性寒温带半湿润季风气候区，年平均气温为 2～6℃。年降水量为 500～700 毫米，年平均湿度为 68.6%，无霜期为 110～145 天。土壤类型有棕色森林土、森林灰化土、生草灰化土、冲击土、水田土、草甸土、草炭沼泽土等。土地肥沃，农业生产较发达，农副产品丰富，天然草场广阔，草种繁多，并有大量的林间牧地，水草丰美，有利于牛养殖业的发展。朝鲜族素有养牛习惯，对牛特别喜爱，饲养管理细致，冬季采用三暖（住暖圈、饮暖水、喂暖饲料）饲养，夏季放牧，注意淘汰劣质种牛，严格进行选种选配。产区农业生产上的使役需要，对形成延边牛结实的体质、良好的役用性能曾起过重要作用。

（2）外貌特征 延边牛属肉役兼用品种。胸部深宽，骨骼坚实，被毛长而密，皮厚而有弹力。公牛额宽，头方正，角基粗大，多向后方伸展，成一字形或倒八字角，颈厚而隆起，肌肉发达。母牛头大小适中，角细而长，多为龙门角。毛色多呈深浅不同的黄色，其中深黄色占 16.3%，黄色占 74.8%，浅黄色占 6.7%，其他颜色占 2.2%。鼻镜一般呈浅褐色，带有黑点（彩图 15）。

（3）生产性能 延边牛自 18 月龄育肥 6 个月，日增重为 813 克，胴体重为 265.8 千克，屠宰率为 57.7%，净肉率为 47.23%，肉质柔嫩多汁，鲜美适口，大理石纹路明显。眼肌面积为 75.8 厘米^2。母牛初情期为 8～9 月龄，母牛性成熟期平均为 13 月龄，公牛平均为 14 月龄。母牛发情周期平均为 20.5 天，发情持续期为 12～36 小时，平均为 20 小时。母牛终年发情，7～8 月为发情旺季。常规初配时间为 20～24 月龄。延边牛耐寒，耐粗饲，抗病力强。使役持久力强，不易疲劳。在 -26℃ 时牛明显不安，但保持正常食欲和反刍，是我国宝贵的抗寒遗传资源之一，但还存在体躯较窄，后躯和母牛乳房发育较差等缺点。

6. 渤海黑牛

（1）产地及分布 渤海黑牛产于山东省惠民地区沿海一带的无棣、沾化、利津、垦利等地。渤海黑牛原称为抓地虎牛、无棣黑牛，是中国罕见的黑毛牛品种，中国良种黄牛育种委员会将该牛列为中国八大名牛之一。

（2）外貌特征 渤海黑牛属于黄牛科，是世界上三大黑毛黄牛品种之一，是山东省环渤海地区经过长期驯化和选育而成的优良品种。渤海黑牛全身呈黑色，低身广躯，后躯发达，体质健壮，形似雄狮，当地称为"抓地虎"，在港澳地区被誉为"黑金刚"。角短，角质致密，呈黑色。蹄呈中木碗状，蹄质坚实。全身被毛、鼻镜、角及蹄皆呈黑色（彩图 16）。成年公牛平均体重为 426 千克，体高为 129 厘米；成年母牛平均体重为 298 千克，体高为 117 厘米。

（3）生产性能 未经育肥公牛屠宰率可达 53%，阉牛可达 50%。公牛在 10 ~ 12 月龄达性成熟，1.5 ~ 2 岁可配种，利用年限为 6 ~ 8 年。母牛在 8 ~ 10 月龄性成熟，初配年龄多在 1.5 岁左右，终生产犊 7 ~ 8 胎，个别母牛在 15 岁以上仍有繁殖能力。

20 世纪的黄牛和肉牛改良，给渤海黑牛品种带来很大的冲击，中心产区存养量急剧下降，分布范围日渐缩小。特别是进入 21 世纪以来，随着农业机械化水平的不断提高，渤海黑牛在农业生产中的优势日趋淡化，再加上养殖成本的增加，农户不再从事渤海黑牛的养殖繁育工作，致使渤海黑牛濒临绝种。

7. 蒙古牛

（1）产地及分布 蒙古牛是我国黄牛中分布最广、数量最多的品种。该品种耐粗饲、耐寒、抗逆性强，能适应恶劣环境。蒙古牛原产于蒙古高原地区，分布在内蒙古、黑龙江、吉林、辽宁、新疆、河北、山西、陕西、宁夏、甘肃、青海等地区，亚洲中部的一些国家也有饲养。蒙古牛是牧区乳、肉的主要来源，以产于锡林郭勒盟乌珠穆沁的类群最为著名。中国的三河牛和中国草原红牛都是以蒙古母牛为基础群而育成的。

（2）外貌特征 蒙古牛头短宽而粗重，额稍凹陷。角细长，向上前方弯曲。角形不一，多向内稍弯，呈蜡黄或青紫色，角质致密有光泽，平均角长：母牛为 25 厘米，公牛为 40 厘米，角间线短，角间中点向下的枕骨部凹陷有沟。被毛长而粗硬，以黄褐色、黑色及黑白花为多。皮肤厚而少弹性。颈短，垂皮小。鬐甲低平，胸部狭深。后躯短窄，尻部倾斜。背腰平直，四肢粗短健壮（彩图 17）。乳房基部宽大，结缔组织少，形状匀称且较其他黄牛品种发达，但乳头小。

（3）生产性能 蒙古牛体重由于自然条件不同而有差异，为 250 ~ 500 千克。成年公牛的体高、体斜长、胸围、管围、胸深分别为：120.9

厘米、137.7 厘米、169.5 厘米、17.8 厘米、70.1 厘米，成年母牛分别为：110.8 厘米、127.6 厘米、154.3 厘米、15.4 厘米、60.2 厘米。母牛平均日产奶量为 6 千克左右，最高日产奶量为 8.16 千克；平均乳脂率为5.22%，最高者达 9%，最低为 3.1%。乳脂率随季节、月份而有变化，一般在 5 月以后乳脂率开始下降，6、7 月最低，8 月以后又开始回升。中等营养水平的阉牛平均宰前重为 376.9 千克，屠宰率为 53.0%，净肉率为 44.6%，骨肉比 1∶5.2，眼肌面积为 56 厘米^2。肌肉中粗脂肪含量高达 43%。

蒙古牛役用能力较大且持久力强，吃苦耐劳，是我国北方优良牛种之一，具有乳、肉、役多种用途，适应寒冷的气候和草原放牧等生态条件，耐粗宜牧，抓膘易肥，适应性强，抗病力强，肉品质好，生产潜力大，应当作为我国牧区优良品种资源加以保护。

二、我国培育肉牛品种

1. 夏南牛

（1）产地及分布 夏南牛主要分布于河南省南阳市、泌阳县，夏南牛是以法国夏洛来牛为父本，以南阳牛为母本，经过三个世代杂交、四个世代的自群繁育和横交固定三个阶段，以开放式育种方法培育而成的肉牛新品种。目前比较纯正的夏南牛含夏洛来牛血统 37.5%、南阳牛血统 62.5%。

夏南牛培育历时 21 年。1988 年河南省畜牧局正式立项并下达育种方案，经过技术人员的科研攻关，该品种于 2007 年 1 月 8 日在原产地河南省泌阳县通过国家畜禽遗传资源委员会牛专业委员会的评审，2007 年5 月 15 日在北京通过国家畜禽遗传资源委员会的评审，2007 年 6 月 29日农业部发布第 878 号公告，宣告中国第一个肉牛品种诞生，并正式定名为"夏南牛"。

（2）外貌特征 夏南牛被毛呈黄色，以浅黄、米黄色居多，也有少量被毛呈草白色。公牛头方正，额头平直，公牛角呈锥状，水平向两侧延伸；母牛头部清秀，额头平直，比公牛的额头长，母牛角细圆，致密光滑，稍向前倾。夏南牛耳朵中等大小，鼻镜为肉色。颈粗壮，肩峰不明显；成年牛结构匀称，体躯呈长方形，四肢粗壮，蹄质比较坚实，尾巴细长，胸深肋圆，背腰平直，尻部宽长，肉用特征明显（彩图 18）。

（3）生产性能　夏南牛成年公牛体高为 142.5 厘米，体重为 850 千克左右；成年母牛体高为 135.5 厘米，体重为 600 千克左右。夏南牛体质健壮，性情温驯，适应性强，耐粗饲，采食速度快，易育肥；抗逆力强，耐寒冷，耐热性稍差；遗传性能稳定。繁育性能良好，母牛初情期平均为 432 天左右，发情周期平均为 20 天左右，初配时间平均为 490 天左右，妊娠期平均为 285 天左右。公牛犊初生重为 38.5 千克，母牛犊初生重为 37.9 千克。夏南牛生长发育快。在农户饲养条件下，公、母犊6 月龄平均体重分别为 197.35 千克左右、196.50 千克，平均日增重均为880 克；公、母牛周岁平均体重分别为 299.01 千克和 292.40 千克，平均日增重分别达 560 克、530 克。体重为 350 千克的架子牛公牛经强化肥育90 天，平均体重达 559.53 千克，平均日增重可达 1850 克。夏南牛肉用性能好，17～19 月龄的未肥育公牛屠宰率为 60.13%，净肉率为 48.84%，肌肉剪切力值为 2.61，肉骨比 4.8:1，优质肉切块率为 38.37%，高档牛肉率为 14.35%。该品种具有生长发育快、易育肥的特点，深受育肥牛场和广大农户的欢迎，夏南牛适宜生产优质牛肉和高档牛肉，具有广阔的推广应用前景。

2. 三河牛

（1）产地及分布　三河牛是经多品种杂交和同种选育提高两个不同阶段形成的培育品种。参与杂交牛种有西门塔尔牛、蒙古牛、西伯利亚牛、俄国改良牛、后贝加尔土种牛、塔吉尔牛、雅罗拉夫牛、瑞典牛、北海道荷兰牛等，其中影响最大的是西门塔尔牛。20 世纪 50 年代中期，在呼伦贝尔岭北部建立了国有牧场，本着"以品种选育为主，适当引进外血为辅"的育种方针，有计划地开展科学养种工作，到了 1986 年，三河牛通过验收，成为中国自主培育的乳肉兼用型品种，并因产于内蒙古自治区呼伦贝尔市的三河地区而得名。

（2）外貌特征　三河牛毛色不一，有红（黄）白花和黑白花，花片分明，头白色或额部有白斑，四肢膝关节以下、腹下及尾帚呈白色。三河牛体大结实，结构匀称，肌肉适度，骨骼健壮，性情温驯（彩图 19）。公牛雄相明显，头大小适中，颈肩结合良好，胸部较深，背腰平直，尻部宽广平直；母牛腹大不下垂，荐部稍显隆起，四肢健壮，肢势端正，蹄质坚实，乳房大小中等，质地良好，乳静脉弯曲明显，乳头大小适中。

(3) 生产性能 产肉性能良好，2~3岁公牛的屠宰率为50%~55%，净肉率为44%~48%。产奶性能较好，年平均产奶量为4000千克，乳脂率在4%以上。在正常饲养管理条件下，初配月龄为20~22月龄。可繁殖10胎次以上，繁殖成活率平均为78%。母牛妊娠天数平均为283~285天，产公犊比产母犊妊娠天数多1~2天。

3. 中国草原红牛

(1) 产地及分布 中国草原红牛是新中国成立以来我国培育的第一个乳肉兼用型品种。它的育种开始于20世纪50年代，是吉林、内蒙古、河北、辽宁四省区协作，以引进的兼用短角公牛为父本，我国草原地区饲养的蒙古母牛为母本，历经杂交改良、横交固定和自群繁育三个阶段，在放牧饲养条件下育成的兼用型新品种。1985年通过鉴定验收而正式命名。主要产于吉林白城地区、内蒙古赤峰市、锡林郭勒盟及河北张家口地区。

(2) 外貌特征 中国草原红牛被毛为紫红色或红色，部分牛的腹下或乳房有小片白斑。体格中等，头较轻，大多数有角，角多伸向前外方，呈倒八字形，略向内弯曲。颈肩结合良好，胸宽深，背腰平直，四肢端正，蹄质结实。乳房发育较好（彩图20）。成年公牛体重为700~800千克，母牛为450~500千克。犊牛初生体重为30~32千克。

(3) 生产性能 中国草原红牛的适应性强，耐粗饲，夏季可完全依靠放牧饲养；冬季不补饲，仅靠采食枯草仍可维持生存。对严寒、酷热气候的耐受力均较强，发病率较低。据测定，18月龄的阉牛经放牧育肥，屠宰率为50.8%，净肉率为41.0%。经短期育肥的牛，屠宰率可达58.2%，净肉率达49.5%。在放牧加补饲的条件下，平均产奶量为1800~2000千克，乳脂率为4.0%。中国草原红牛繁殖性能良好，性成熟年龄为14~16月龄，初情期多在18月龄。在放牧条件下，繁殖成活率为68.5%~84.7%。

4. 新疆褐牛

(1) 产地及分布 新疆褐牛属于乳肉兼用品种，主产于新疆伊犁和塔城等地区。早在1935—1936年，伊犁和塔城等地区就曾引用瑞士褐牛与当地哈萨克牛杂交。1951—1956年，又先后从苏联引进几批含有瑞士褐牛血统的阿拉塔乌牛和少量的科斯特罗姆牛继续进行改良。1977年和

1980 年又先后从联邦德国和奥地利引入三批瑞士褐牛，这对进一步提高和巩固新疆褐牛的质量起到了重要的作用。历经半个世纪的选育，1983 年通过审定，成为乳肉兼用新品种。

（2）外貌特征　新疆褐牛体躯健壮，头清秀，角中等大小，角多向侧前上方弯曲，呈半椭圆形。被毛为深浅不一的褐色，额顶、角基、口轮周围及背线为灰白色或黄白色，眼睑、鼻镜、尾帚、蹄呈深褐色（彩图 21）。成年公牛体重为 951 千克，母牛为 431 千克。犊牛初生重为 28 ~ 30 千克。

（3）生产性能　在舍饲条件下，新疆褐牛平均产奶量为 2100 ~ 3500 千克，乳脂率为 4.03% ~ 4.08%，乳干物质为 13.45%。个别高的产奶量可达 5212 千克。在放牧条件下，泌乳期约为 100 天，产奶量为 1000 千克左右，乳脂率为 4.43%。在自然放牧条件下，中上等膘情 1.5 岁的阉牛，宰前体重为 235 千克，屠宰率为 47.4%；成年公牛在 433 千克时屠宰，屠宰率为 53.1%，眼肌面积为 76.6 厘米²。该牛适应性好，抗病力强，在草场放牧可耐受严寒和酷暑环境。

第三节　肉牛杂交利用技术

一、常用杂交方式

杂交指两个以上品种（品系）的公、母牛相互交配。杂交育种就是应用杂交方式改良牛品种或通过杂交育成新品种。杂交改变基因型，产生杂种优势，并将不同亲本的优良特性结合在一起，杂种后代体形得到改善，产乳、产肉性能获得提高。杂交育种方法在我国养牛生产中发挥了巨大作用，我国培育的中国荷斯坦牛、三河牛、新疆褐牛、中国草原红牛都是杂交育成的新品种。

在肉牛生产及育肥中，常用的杂交改良方法主要有以下几种。

（1）经济杂交　也称简单杂交，是使用不同品种（品系）进行杂交，利用杂种优势，提高经济性能的杂交繁育方法。也就是用 2 个不同品种的公、母牛杂交，所生杂交一代牛全部育肥。杂交后代生命力强，生长速度快，降低了生产成本。用于杂交的父本应生长速度快、胴体品质好；母本则要母性能力强。在生产中常见的杂交类型有 3 种。

1）肉用或兼用品种与本地黄牛杂交，如用夏洛来牛或西门塔尔牛作为杂交父本，所生杂交一代生长快、成熟早、体重大、育肥性能好、适应性强、饲料转化率高，对饲养管理条件要求较低。杂交公牛和不留作种用的杂交母牛皆可育肥。生产中广泛利用这种杂交方法，以提高经济效益。

2）肉用品种与乳用品种杂交，这种杂交方式可将乳用牛生产与肉用牛生产结合起来。可以选用低产奶牛与肉用公牛杂交，对所生杂交后代断奶后育肥，利用其杂交优势，提高生长速度、饲料转化率和牛肉品质；也可以对有一定数量的奶牛群，分期按比例地用乳肉兼用品种公牛配种，对所生杂交后代，公牛育肥，母牛作为乳用后备牛，做到了乳肉并重。

3）肉用公牛与乳用母牛杂交，这种方式在奶牛业发达的国家广泛采用，后代平均产肉性能提高6%～10%；美国的牛肉有30%来自奶牛杂交牛；欧洲国家的牛肉有45%来自奶牛群。

（2）轮回杂交 用两个以上的品种公牛，先用其中一个品种的公牛与本地母牛杂交，其杂种后代的母牛再和另一品种的公牛交配，以后继续交替使用与杂种母牛无亲缘关系的这两个品种的公牛交配。3个品种以上的轮回杂交模式做法相同。轮回杂交的优点是利用了各世代的优良杂种母牛，并能在一定程度上保持和延续杂种优势。据研究，2个品种和3个品种轮回杂交，可分别使犊牛活重提高15%和19%。轮回杂交比一般的经济杂交更凸显经济价值，因为这种杂交方式只在开始时繁殖一个纯种母牛群，以后除配备几个品种少数公牛外，只养杂种母牛群即可。轮回杂交与一般经济杂交的不同点是各轮回品种在每个世代中都保持一定的遗传比例。

（3）级进杂交 利用同一优良品种的公牛与生产性能低的品种一代一代地交配。这是用高产品种改良低产品种最常用的方法，杂交一代品种可得到最大改良。

级进杂交应当注意的问题有以下几点。

1）引入品种的选择，除了考虑生产性能高、能满足生产需要外，还要特别注意其对当地气候、饲养管理条件的适应性。因为随着级进代数的提高，外来品种基因比例不断增加，适应性的问题会越来越突出。

2）级进代数。总的说要摒弃代数越高越好的想法。随着杂交代数的增加，杂种优势逐代减弱，因此实践中不必追求过多代数，一般级进2~3代即可。过高代数还会使杂种后代的生活力、适应性下降。事实上，只要体形外貌、生产性能基本接近用来改造的品种就可以固定了。应当有一定比例的原有品种基因成分，可以提高适应性、抗病力和耐粗饲性。

3）要注意饲养管理条件的改善和选种选配的加强。随着杂交代数增加，生产性能不断提高，一般要求饲养管理水平也有相应提高。

在黄牛向乳用方向改良的过程中，不少地方用级进杂交已获得了许多成功的经验。级进杂交是提高本地黄牛生产力的一种最普遍、最有效的方法。

二、引种与保种

1. 引种

引种指将区外（省外或国外）的优良品种、品系或类型引入本地，直接推广或作为育种材料。引种既可引入活体，也可引进冻精和胚胎。

任何一个品种都有其特定的分布范围，当一个牛种引入到新的地区，包括气候、温度、湿度、海拔和光照在内的自然条件、饲料及饲养管理方式都不同，把引入品种驯化和适应的复杂过程称为风土驯化。

风土驯化有两个途径：一是逐渐调整其体质，直接适应；二是通过选种作用逐渐改变遗传基础，实现引入品种的风土驯化。引入品种的适应意味着不仅能够生存、繁殖和正常生长发育，并且还能将其固有的特征和优良的生产性能表现出来。通过适当的技术措施，能加速引入品种的适应进程。

2. 保种

保种就是保存种群，保存了有一定特性、特征的种群，也就是保存了品种、性状、基因和资源。

不同的品种具有不同的适应范围，而世界各地的自然条件和社会条件千差万别。随着社会经济的发展，人们对牛产品的消费会提出新的要求。因此，凭少数几个牛品种维系的养牛业不可能持续发展，只有保持牛种的多样性，为培育新品种提供材料，才能满足人类社会经济和自然发展的需要。

保种的措施主要有以下几点。

1）牛品种调查。摸清各品种的数量、分布及生产性能，尤其是特殊性能和潜在价值的性能，并对品种资源进行评估。

2）建立牛遗传资源的地理信息系统。包括品种资源的数据库、品种资源管理的地理信息和品种资源预警三大部分。

3）制定保种计划。保种只保护生产性能优良、具有特殊性能和潜在价值的品种，保种计划包括保种的目的、保种地点、保种群大小、保种的年限及繁育方法等。

4）选择保种基地。保种基地一般选择在主产区。该基地有明确的地理界线，基地内不能饲养其他牛种，便于生殖和地理隔离，饲草资料丰富，有足够的面积支撑载畜量。

5）建立适度规模的保种核心群。选择符合品种条件的优秀纯种组成核心群，个体无亲缘关系。

6）具体的技术措施。实行随机交配，各家系等量留种，延长世代间隔，降低每代近交增量。开展本品种选育工作，建立品系，提高其生产性能；严格选择，淘汰不良个体；加强饲养管理和防疫工作；通过表型性状观察和杂交利用定期分析保种效果。

7）将现代生物技术应用于保种工作。采用冷冻生物技术保存该品种的胚胎、精子和体细胞，这种保种方法简单、经济。利用位点特异性分子标记对目标基因进行跟踪保护，利用 DNA 分子标记监测和控制保种群的近交速率。

8）建立保种的行政管理措施。将人、财、物落实到位。

三、国外品种与我国黄牛杂交效果

我国养牛历史悠久，黄牛分布广、数量多，一般属于小型或偏小型牛，传统上以役用为主，乳、肉生产性能低。我国黄牛资源丰富，是肉牛产业发展的品种基础。鉴于我国的肉牛产业发展起步晚、起点低，加之地方黄牛品种选育主攻方向不明确，且时断时续；杂交改良所用主导父本盲目性较大，品种"多、乱、杂"现象严重。因此，肉用性能欠佳的地方黄牛仍旧是我国肉牛生产的主体。

目前，我国肉牛产业已形成东北、中原、西北、西南 4 个肉牛优势产区。黄牛是我国的特色资源，一般分为北方黄牛、中原黄牛和南方黄牛三大类。秦川牛、南阳牛、鲁西牛、晋南牛、延边牛 5 个品种被公认为我国黄牛的代表性品种，具有耐粗饲、抗逆性好、肉质细嫩等优点，同时也存在生长速度慢、体形发育不佳、胴体产肉少、优质牛肉切块率低等缺陷。

随着传统农业生产方式的改变及经济社会发展需求，地方牛品种正在由役用向肉用转变。我国黄牛改良工作始于 20 世纪 30 年代，但有组织、有计划、大规模地开发是在 20 世纪 70 年代末，我国先后引入了西门塔尔牛、夏洛来牛、利木赞牛等十多个品种公牛用于改良我国黄牛，其中利用最广的主要有西门塔尔牛、夏洛来牛、利木赞牛、安格斯牛、短角牛、皮埃蒙特牛、黑毛和牛等。

我国黄牛经杂交改良后体形明显增大，随着杂交代数的增加，体形逐步向父本类型过渡。杂交牛初生重大，生长发育快，而且随着改良代数的增加，初生重能够逐步提高。在产肉性能的改良上，杂交牛也显示出了产肉性能的显著提高。

西门塔尔牛在引进我国后，对各地的黄牛改良效果都非常明显，杂交一代的生产性能一般都能提高 30% 以上，尤其能够显著提高产奶性能，西门塔尔牛多用来杂交培育乳肉兼用牛品种。我国自 20 世纪初就开始引入西门塔尔牛，饲养在我国东北、华北、西北和内蒙古等地，对当地牛养殖业影响巨大。2001 年、2012 年通过国家畜禽遗传资源委员会审定的中国西门塔尔牛和蜀宣花牛就是通过引进欧洲的西门塔尔牛，经过与中国本地黄牛级进杂交选育而成的。1986 年通过验收的三河牛是由多品种杂交选育而成，在育成过程中西门塔尔牛对其影响最大。

夏洛来牛引进我国后，在杂交改良地方黄牛方面取得了明显效果。杂交牛一代多为乳白色，骨骼粗壮、肌肉发达。2007 年通过审定的夏南牛，就是以法国夏洛来牛为父本，以南阳牛为母本，经杂交选育而成的，其特点是体格高大健壮、抗逆性强、耐粗饲、耐寒冷，但耐热性能稍差。2009 年通过审定的辽育白牛，是以夏洛来牛为父本，以辽宁本地黄牛为母本级进杂交后选育而成的，含 93.75% 夏洛来牛血统和 6.25% 本地黄牛血统，辽育白牛早熟性和繁殖力良好，抗逆性强，尤其抗寒能力突出。

自 1974 年以来，我国数次从法国引入利木赞牛，在河南、山东、陕西、辽宁、内蒙古等地改良当地黄牛，杂交后代体形得到改善，肉用特征突出，生长速度加快，杂种优势明显。2008 年通过审定的延黄牛是以利木赞牛为父本，以延边黄牛为母体，经过杂交形成的含75%延边黄牛血统和25%利木赞牛血统的品种。

安格斯牛是仅次于日本和牛的高档牛肉生产品种，以高肌间脂肪、肉质细嫩而著称。20世纪80年代，我国开始引进安格斯种牛。安格斯牛不仅能够克服地方品种生长发育慢、产肉性能差的问题，而且还可以显著改善肉品质，具有非常好的商品价值。

自1920年开始，我国曾多次引入短角牛，主要在东北、陕西、内蒙古等地改良当地黄牛，杂交后代普遍毛色呈紫红、体形改善、体格增大、产奶量提高，杂种优势明显。1985年通过审定的乳肉兼用型新品种中国草原红牛，就是用短角牛与吉林、河北和内蒙古等地的7种黄牛杂交选育而成，其乳肉性能都取得了全面提高，耐寒、抗热性能突出，抗病力强，发病率低，表现出了很好的杂交改良效果。

1986年我国开始引进皮埃蒙特牛，河南、河北、山东、陕西、黑龙江等地用皮尔蒙特改良本地牛。河南省南阳市新野县利用皮尔蒙特牛杂交改良当地南阳牛，取得了一定成效，双肌型牛普及率高，屠宰率显著提高，而且采用级进杂交，杂交三代与皮尔蒙特牛纯种十分接近，改良效果显著。在组织三元杂交的改良体系时，再利用皮埃蒙特牛改良的母牛作为母系，对下一轮的肉用杂交十分有利。

第二章 肉牛场规划建设关键技术

第一节 肉牛场选址与建设布局

一、场址选择

肉牛场建设必须符合《中华人民共和国畜牧法》、动物防疫条件许可及地方土地与农业发展规划。选址要根据牛场规模，对地形、地势、水源、土壤、气候条件、工厂和居民点的相对位置等因素进行综合考虑。同时，要确保饲料、物资和能源供应便利，交通运输便利，产品销售便利，废弃物处理便利。

二、场地规划与建设布局

肉牛场规划应考虑牛场生产规模及企业未来的发展。建场前应先经当地环境主管部门同意，通过环境评估后，建立完善粪污存放处理系统及污水三级沉淀池等，再规划场区，防止环境污染，减少疫病蔓延的机会。

肉牛场功能区划分主要分为管理区、生产区、粪污处理及隔离区。一般应做到管理区与生产区分开，并设置统一的饲草、饲料库。

1. 管理区

管理区是肉牛场工作人员办公及与外界联系的主要场所，包括行政和技术办公室、宿舍、食堂等，管理区尽量靠近肉牛场大门，应建在肉牛场上风处，地势最高，与生产区严格分开，保证有 50 米以上的距离。

2. 生产区

生产区是肉牛场的核心区，入口处设置人员消毒室、更衣室、淋浴室、车辆消毒池。场区内道路要设净道和污道，且净道和污道严格分开，不可混用。生产区内建筑和设施主要包括犊牛舍、育成牛舍、成年牛舍、产房、人工授精室、兽医室、库房、干草库、饲料库、饲料加工车间、青贮窖、配电室、水塔、装卸牛台、称重装置等。生产区内建筑应根据功能和需要合理布局，以便于防疫防火。牛舍应位于生产区中央，牛舍间距不小于 10 米。应将饲料加工车间和饲料库设在该区牛舍附近上风向或侧风向一侧，具体位置在该区与管理区隔墙处，既满足防疫要求，又方便饲料进入生产区；饲料库应靠近饲料加工车间；青贮窖应靠近牛舍，以便于饲喂。

3. 粪污处理及隔离区

粪污处理及隔离区是购入牛观察、病牛隔离治疗、粪污存放和病死牛等废弃物处理的场所，与生产区相隔 100 米左右，要有围墙隔离，远离水源。区内建筑及设施包括新购牛观察舍、病牛隔离治疗舍、粪污处理场（沼气池）、焚烧炉、装卸牛台等。新购牛观察舍应位于该区上风向，靠近生产区。病牛隔离舍应远离其他牛舍，用实体墙进行隔离，还要设置单独的通道。粪污处理场应位于新购牛观察舍和病牛隔离舍下风向。焚烧炉应处于该区的最下风向。

第二节 肉牛舍类型及构造

应根据气候、环境及饲养条件，遵循经济实用、科学合理、符合卫生要求的原则，综合考虑通风、采光、保温及生产操作等因素，设计建造不同用途与类型的牛舍。

一、牛舍类型

1. 按照封闭程度分类

按牛舍的封闭程度，可以将其分为开放式（图2-1）、半开放或半封闭式（图2-2）、封闭式牛舍（图2-3）3 种类型。北方和西北地区冬季寒冷多风，牛舍要充分考虑冬季保温，多采用封闭式或半开放式牛舍；南

图 2-1　开放式牛舍

方地区夏季炎热潮湿，通常采用开放式牛舍，以便于自然通风降温。

图2-2　半开放式牛舍

图2-3　封闭式牛舍

2. 按照用途分类

按照牛舍的用途，可以将其分为犊牛舍、育成牛舍、成年母牛舍、育肥牛舍、隔离观察牛舍等。

3. 按照牛床排列方式分类

按照牛舍内牛床的排列方式，可以将其分为单列式（20头以下）（图2-4）、双列式（20头以上）（图2-5和彩图22）和多列式（大型牛场）（图2-6和彩图23）3种类型，规模较小的牛场宜采用单列式牛舍，通风、保暖等性能较好。规模较大的牛场宜采用双列式牛舍，这种牛舍又分为对头式和对尾式，常见的是对头式，便于饲料车进出牛舍，也便于采用TMR（全混合日粮）饲喂技术。

图 2-4　单列式牛舍

图 2-5　双列式牛舍

图 2-6　多列式牛舍

二、牛舍朝向

牛舍朝向主要根据保暖和采光需要确定。北方冬季的主风向为西北风，因而牛舍一般坐北朝南，偏东 5 ~ 10 度为好。一方面可避免冷风直吹，有助于保温；另一方面，由于北方冬季夜长，偏东可提前接受阳光的照射，温度回升快。

三、牛舍的建筑要求

牛舍是牛场建设的核心，应根据当地的气温变化和牛场生产、用途等因素来确定建筑要求。修建牛舍的目的是为牛创造适宜的环境，保证生产顺利进行，要严格卫生防疫，防止疫病传播，同时要做到经济合理，技术可行。

1. 地基

地基必须坚实牢固，设计应遵守 GB 50007—2011《建筑地基基础设计规范》，应尽量利用天然地基以降低建造成本。采用砖混结构的牛舍，应用砖砌墙基并高出地面，墙基地下部分深度为 80 ~ 100 厘米，寒冷地区应超过冬季冻土层深度，墙基与周边做防水处理；采用轻钢结构的牛舍，支撑钢梁基座应用钢筋混凝土浇筑，深度根据牛舍跨度和屋顶重量确定，不低于 1.5 米，非承重的墙基地下部分深度为 50 厘米。

2. 墙壁

墙壁要求坚固结实、抗震、防水、保温，厚度根据保温需要确定。冬季不是很冷的地区，一般墙厚 24 厘米。东北和西北等严寒地区，可适当增加墙壁的厚度。

3. 屋顶

屋顶是对牛舍环境影响最大的因素，要求夏季隔热、冬季保温，通风散热较好。屋顶样式有单坡式、双坡式、平顶式、钟楼式、半钟楼式等。钟楼式比较适合我国南方跨度大的牛舍，通风换气效果好，但结构复杂、造价高。双坡式适用于我国所有地区和各种规模肉牛场，结构简单、造价较低。单坡式多用于小型肉牛场。

屋顶高度和坡度根据牛舍类型确定。一般双列式牛舍屋顶上缘距地面高 3.5 ~ 4.5 米，屋顶下缘距地面高 2.5 ~ 3.5 米。钟楼式上层屋顶与下层屋顶交错处垂直高度为 0.5 ~ 1.0 米，水平交错距离为 0.5 ~ 1.0 米。单列式牛舍屋顶上缘距地面高 2.8 ~ 3.5 米，屋顶下缘距地面高 2.0 ~ 2.8 米。

多列式牛舍的屋顶应在双列式基础上再适当提高。采用轻钢结构的牛舍应遵守 GB 50017—2017《钢结构设计标准》，为防止大量积雪压塌牛舍，设计承重时要适当提高标准，一般荷载应达到 50 千克/米² 以上。

屋顶材料使用新型彩钢板时，建议使用双层彩钢板，中间填充 5~10 厘米厚的保温隔热层。为充分利用太阳能提高冬季舍内温度和光照，一般在向阳侧屋顶安装一排宽度为 1 米左右的采光板。

4. 地面

地面要求致密坚实，不硬不滑，温暖、有弹性，易清洗消毒。大多数采用水泥材质，优点是坚实，易清洗消毒，导热性强，夏季有利于散热；缺点是缺乏弹性，冬季保温性差，对乳房和肢蹄不利。在实际生产中，牛舍为水泥地面时要做好防滑处理，应在地面加凹槽防滑，深度为 1 厘米，间距为 3~5 厘米，防止冬季地面因粪尿结冰光滑，导致牛摔伤或流产等。

5. 跨度

牛舍的跨度根据内部构造、是否使用全混合日粮饲喂机械等确定。一般情况下，单列式牛舍内部宽 7~10 米，双列式牛舍内部宽 12~15 米，四列式牛舍内部宽 17~23 米。

6. 门窗

封闭式和半开放式牛舍应在一端或两端设置大门。双列式牛舍两端应有饲喂通道大门，大门宽 2.5~3.5 米、高 2.5~3.0 米；如果使用全混合日粮饲喂车，需根据饲喂车的类型和尺寸确定大门的宽度和高度；同时应设置多个侧门供牛出入运动场，使用向外开门或推拉门，侧门宽 1.5 米、高 2.0 米；存栏达到 100 头以上的牛舍，牛进入运动场的侧门不少于 2 个。单列式牛舍门宽 1.5~2.0 米、高 2 米。

封闭式牛舍应有窗户（图 2-7），大小和数量根据气候、牛舍类型确定，应符合通风采光的要求。在寒冷地区，牛舍的南窗数量要多、面积要大，北窗则相反。南窗高 1.0~1.5 米、宽 1.5~2.0 米，北窗高 0.8~1.0 米、宽 1.0~1.2 米，窗台距地面 1.0~1.3 米。在炎热地区，牛舍两侧的窗户大小和数量一致，窗高 1.0~1.5 米、宽 1.5~2.0 米，窗台距地面 1.0~1.3 米。半开放式牛舍可设窗户，也可用帆布帘、棉帘等卷帘代替，天热时卷起加强通风，天冷时放下保暖。

图2-7 封闭式牛舍的窗户

7. 牛床

牛床是牛采食和休息的主要场所。牛一天内有50%～70%的时间在牛床上躺卧和休息。根据所用建设材料的不同,可将牛床分为混凝土牛床、石质牛床、砖砌牛床、沥青牛床、木质牛床和土质牛床,不同种类的牛床各有优、缺点,具体选用哪种材料修建应根据当地材料价格、建设标准和投入预算等确定。

混凝土牛床和石质牛床导热性好、坚固耐用、易清扫和消毒,但硬度高、舒适度差、冬季保温性差、投资大。砖砌牛床造价低,但易损坏、不便于清扫。建造混凝土、石质和砖砌牛床时,先要铲平夯实地基,铺20～25厘米厚的三合土,再在上面铺10～15厘米厚的混凝土、石材或立砖(横竖皆可,但横砖使用寿命短)。

沥青牛床保温性好并有弹性、不渗水、易清扫和消毒,是较理想的牛床,但遇水后较滑,修建时可掺入煤渣或粗砂用于防滑。沥青牛床最底层为夯实的10厘米厚的三合土,中间为10厘米厚的混凝土,最上层为2～3厘米厚的沥青。

木质牛床保暖性好、有弹性、易清扫,但造价高、易腐烂。木质牛床厚度根据木材材质确定,一般厚10厘米左右,铺于硬地面上。

土质牛床能就地取材,造价低,有弹性,舒适性、保暖性和透水性好,但不易清扫和消毒。建造方法是将地基铲平,夯实,铺一层约15厘米厚的砂石或碎砖块后,再铺15～20厘米厚的三合土,夯实。

牛床应有1.5度～2度的坡度,近槽端高,远槽端低。

在实际生产中，许多牛场不区分犊牛舍、育成牛舍、成年母牛舍、育肥牛舍，而是通用一种牛舍，此时牛床应按照最大长度来设计。不同类型牛床设计参数见表2-1。

表2-1 不同类型的牛床设计参数

牛群类型	长/厘米	宽/厘米
犊牛	100～150	60～80
育成牛	120～160	70～90
妊娠母牛	180～200	120～150
空怀母牛	170～190	100～120
种公牛	200～250	150～200
育肥牛	180～200	100～120

8. 饲槽和水槽

饲槽应紧邻饲喂通道，有固定式和活动式两种。无饮水设施的，固定食槽兼做水槽，饲喂后饮水。传统的肉牛养殖多采用固定水泥槽饲喂，食槽上部内宽60厘米，底部内宽35～40厘米，槽内侧（靠近牛床侧）高40厘米、外侧（靠近通道侧）高60厘米，食槽底部距地面高20～30厘米。为了便于清扫，饲槽底部呈弧形，一端留排水孔，并保持1度～1.5度的坡度。为了便于机械饲喂与清扫，现在的大多数牛床采用高通道、低槽位的槽道合一结构，即饲槽外缘和饲喂通道在一个水平面上。食槽内侧（靠近牛床侧）高20～30厘米，外侧（靠近饲喂通道）与通道相平，底部低于通道5～10厘米，呈1/4弧形，饲槽底部比牛床高15～20厘米。

对于采用自由饮水的牛场，应单独设置水槽或自动饮水器。水槽大小根据牛的数量确定。一般单独设置的水槽宽40～60厘米、深40厘米，底部距地面高30～40厘米，水槽沿高度不超过70厘米，一个水槽要满足10～30头牛的饮水需要。自动饮水器可在饲槽旁边距离地面50厘米处安装。

9. 通道

牛舍内应设专门的饲喂通道和牛粪外运通道。采用人工饲喂的单列式和对尾双列式牛舍的饲喂通道宽2.0～2.5米，清粪的中间通道宽1.3～1.5米；对头双列或多列式牛舍的饲喂通道宽2.5～3.0米。使用机械设备的牛舍根据机械最大宽度确定，一般宽度为4米。

10. 通气孔

半开放式和封闭式牛舍应设置通气孔。通气孔一般设置于屋脊或屋顶两侧。数量和大小应根据牛舍的大小、类型及通气和保温要求确定。单列式牛舍通气孔推荐参数为 70 厘米 × 70 厘米，双列式或多列式为 90 厘米 × 90 厘米。通气孔总面积应为牛舍总面积的 0.15% 左右。另外，在牛舍屋顶安装换气扇进行换气，可有效缓解冬季通风与保温的矛盾。

第三节 肉牛场配套设施设备

一、运动场与围栏

采用拴系式育肥饲养的肉牛场一般不设置运动场，但对于饲养公牛、能繁母牛和采用散栏养牛的牛舍，必须设置运动场。运动场设在牛舍南面，离牛舍 5 米左右，以利于通风和绿化。运动场地面一半用立砖铺地，另一半用土地面，并有 1 度 ~5 度的坡度，靠近牛舍处为北，稍高，东、西、南面稍低，并设排水沟。每头牛占有的运动场面积为：成年母牛 20~25 米^2、育成牛和妊娠初期母牛 15 米^2、犊牛 5~10 米^2、种公牛 30 米^2 以上。

运动场四周设围栏，围栏要结实耐用，牛舍内一般用钢管围栏，运动场围栏可用钢管焊接，也可用水泥柱做栏柱，再用钢筋棍串联在一起。围栏高度、间隔和钢管直径要根据牛的大小和类型确定。牛舍内靠饲槽侧的围栏高 1.5 米以上，运动场围栏高 1.8 米，电围栏高 1.5 米以上。围栏间隙一般为成年大型牛 30~35 厘米、育成牛和中小型牛 25~30 厘米、犊牛 20~25 厘米（彩图 24）。

二、凉棚

一般建在运动场中间，常为四面敞开的棚舍建筑，建筑面积按每头牛 3~5 米^2 即可。凉棚高以 3.5 米、宽以 5~8 米为宜，棚柱可采用钢管、水泥柱、水泥电杆等，顶棚支架可用角铁或木架等。棚顶面可用石棉瓦、水泥板、金属板、木板、油毡等材料，顶部要涂上反射率高的涂料、白漆或抹上白水泥，以减少太阳辐射热的吸收。凉棚一般设计为东西走向（彩图 25）。

三、饲槽与饮水槽

饲槽尺寸可根据实际情况灵活设计，由于牛舍不同，饲槽的位置也各异：有的在运动场上（彩图26）；有的在双列式牛舍的中间（彩图27），设置在这里的饲槽便于机械饲喂。

饮水槽设在运动场东侧或西侧，饮水槽宽度为0.5米，深度为0.4米，水槽的高度不宜超过0.7米，水槽周围应铺设3米宽的水泥地面，以保证水槽周围干净整洁。

四、消毒设施

消毒池一般在牛场或生产区的入口处，便于人员和车辆通过时消毒。消毒池常用钢筋水泥浇筑，坚固、平整、耐酸碱、防渗漏，并配备手动或自动喷淋装置，可对车辆进行整体消毒（消毒液为0.5%过氧乙酸）。供车辆通行的消毒池长4米、宽3米、深0.1米；供人员通行的消毒池长2.5米、宽1.5米、深0.05米。消毒池可用2%~4%氢氧化钠或生石灰，使用10~15天更换一次，下雨后必须立即更换或进行补充。

消毒室应设有更衣间，有专用的通道通向牛舍。所有人员进入生产区时必须更衣，紫外线照射5分钟以上，手部用0.1%新洁尔灭或0.3%过氧乙酸清洗消毒，从专用通道进入。

五、饲料加工与贮存设施

饲料加工与贮存设施主要包括青贮设施、饲料库及加工车间、干草库。

1. 青贮设施

常见的青贮窖分为半地上式（又叫青贮池，图2-8）、地下式和地上式（彩图28）三种。无论哪种形式的青贮窖的窖底应距离地下水位0.8米以上，应坚固结实、方便耐用，建在地势较高、土质坚硬、地面干燥、易排水、远离污染源的地方，而且要离牛舍和饲料加工车间较近，方便进行加工调制和取用饲喂。

在设计青贮窖时，必须要根据肉牛场设计规模计算出青贮窖的大小。一般情况下，青贮容量按照每立方米青贮饲料重500千克进行保守计算（实际容重根据压实情况不同，一般为500~700千克/米³），每天每头牛按平均需要量为20千克（包含浪费、霉变的青贮饲料损耗），全群按12个月储备，也可按照13个月储备。

一般青贮窖修建成条形，三面为墙，一面敞开，窖底稍有坡度，设排水沟，防止雨水排入窖中。窖的四角修建成弧形，便于青贮饲料下沉，排除残留空气。青贮窖高度一般为2.5~4.0米，横截面为倒置梯形，内壁倾角为6度~9度。青贮窖不要设计得太宽，一般不超过8米。根据每天的饲喂量，青贮饲料挖取面掘进不应少于0.3米。若每天掘进量太少，会加剧青贮料氧化，浪费严重。青贮窖长度因贮存量和地形而定，但不宜太长，因为制作青贮饲料时要求最好在短时间装满一窖，并尽快覆盖密封，一般窖长在60~100米。建议使用青贮取料机取料（图2-9），以保证断面整齐，防止青贮饲料霉变浪费。

图2-8　半地上式青贮窖

图2-9　青贮取料机取料

　　大型青贮窖也可采用联窖建设，便于操作和节约占地。侧壁可采用钢筋混凝土构件，计算压实青贮饲料时产生的侧压力，避免出现裂缝，寒冷地区建设的连体青贮窖两侧壁外可用土堆起，既可增强抗压力又可防止青贮窖冻结。

2. 饲料库及加工车间

　　饲料库应单独设立一个与外界联系的大门，用于饲料原料的进出，门口设置消毒池，进入的车辆和个人都需要进行严格的消毒。饲料库的大小和类型根据肉牛场养殖规模、所需加工饲料的种类及生产需要确定。饲料库（贮存成品全价料或玉米、豆粕等饲料原料）大小按储备至少 2 个月的用量设计，码放高度应小于 1.5 米，码放面积为库内面积的 50%。饲料库地面为水泥地面，向外延伸有 2% 的坡度（约 1.1 度），内设多个隔间，隔间多少由饲料原料种类决定，宽度要保证供料车进入以方便装卸料。同时饲料库内要防鼠、防鸟、防潮，确保不漏水，保证通风。

3. 干草库

干草库一般为开放式结构，其建设规模要依据饲养量而定（图 2-10）。一般按照每天每头牛 8 千克、每立方米干草重 300 千克计算干草库的大小，同时兼顾采购次数（采购次数多，库房面积可适当缩小）设计。库中草捆码放高度一般按 3.0~3.5 米计算，大型肉牛场如果采用机械操作，高度可适当增加。干草库禁止安装任何电路，注意防火防潮，并与其他建筑保持一定距离。干草库必须配备消防栓、干粉灭火器等消防器材。干草库应远离牛舍及其他建筑物 60 米以上，以利于防火。

图 2-10　干草库

六、兽医室

兽医室是肉牛场必备的建筑设施之一，其主要作用是贮存一定量的生物制剂或药剂，并为场内的兽医提供工作的场所，方便兽医对牛群的检查和对病牛的治疗。兽医室一般与输精室相邻，根据肉牛场规模配备相应数量的工作人员和设备。

七、病牛隔离舍

病牛隔离舍应设置单独进出的通道和入口，便于消毒和处理污物，要与整个生产区保持一定的距离，最好使用实体墙与其他牛舍隔离，一般距离要在 300 米以上，处于生产区的下风向，以免病菌对生产区造成影响。病牛区的污水和废弃物应进行消毒处理，防止疫病传播和污染环境。病牛隔离舍中的各室之间相对独立，便于管理和隔离。隔离舍中牛床的数量要按照整个场区牛群数量的 2%～5% 建设。

八、贮粪池和污水池

粪污处理区应建在生产区的下风向、地势低洼处，与牛舍至少有 200～300 米的间距。为了避免污染环境，肉牛场必须配备贮粪池和污水池。粪尿的收集、贮存、运输和施用，必须与肉牛的卫生、牛舍结构和控制污染的管理条例相结合，符合相关法规条例，尽量减少臭味、杜绝蚊蝇，保证人畜健康和环境安全。贮粪池地面要坚硬不渗水，能贮存 1 个月的粪量。污水池距离牛舍 6 米以上，容积要根据养殖头数确定，以能贮存 1 个月的污水为准。贮粪池和污水池每月清除 1 次，一般参照成年牛 0.3 米³/头，犊牛 0.1 米³/头来综合设计（图 2-11）。

图 2-11 贮粪池和污水池

第四节　肉牛场的环境控制技术

牛舍类型及其他许多因素都可直接或间接地影响舍内环境的变化。为了给肉牛创造适宜的环境条件，应在合理设计的基础上，采用供暖、降温、通风、控制光照、空气处理等措施，对牛舍环境进行人为控制，通过一定的技术措施与特定的设施相结合来阻断疫病的空气传播和接触传播渠道，并且有效地减弱舍内环境因子对肉牛机体造成的不良影响，以获得最佳的育肥效果和最好的经济效益。

一、喷雾—接力送风降温技术

牛具有耐寒不耐热的特点，牛舍的气温对牛机体健康及其生产性能影响较大。环境温度在 5～21℃时，肉牛增重较快，温度过高则增重缓慢，甚至中暑死亡。为了消除或缓解高温对牛的影响，必须做好牛舍的防暑降温工作。实际生产中，通过保护牛免受太阳辐射、增强传导散热（与冷物体表面接触）、对流散热（利用天然气流或强制通风）、蒸发散热等形式，可有效控制并降低牛舍温度。随着喷雾—接力送风降温技术的深入研究，许多肉牛场也开始推广使用这一技术（图 2-12）。

a) 风机安装在牛体侧面　　　　　b) 风机安装在牛体前方

图 2-12　牛舍喷雾—接力送风降温系统

1. 喷雾—接力送风降温技术的特点

喷雾-接力送风降温技术是将喷雾系统与悬挂式风机联合使用的降温技术，不需要牛舍封闭，既可用于拴系饲养牛舍，也可用于小群散放饲养牛舍。该技术主要是通过增加牛体散热、维持肉牛体热平衡、防止热积聚的方式来减缓肉牛的热应激。试验结果表明，该技术可降低牛皮温约 0.6℃，提高日增重 240 千克，喷雾舍温度最大降低 5℃，大大减少了热应激对肉牛的影响。

2. 风机的安装要求

悬挂式风机的安装要求是距风机最远牛体处风速能达到约 1.5 米/秒。风机安装的间距一般为 10 倍的扇叶直径，安装高度为 2.4 ~ 2.7 米，外框平面与立柱夹角为 30 度 ~ 40 度，即风机与地面夹角为 50 度 ~ 60 度，风机吹风位置应为牛的颈部和背部。风机与地面夹角不宜太大，安装高度不宜低于 2.3 米，否则风机下方无风死角过大。

风机一般固定在舍内的钢柱上，也可以吊装，对于拴系饲养的肉牛，风机一般都安装在食槽上方，若是小群饲养，风机可以考虑吊装，使风尽量能覆盖牛群活动的整个区域。此外，每排的第一台风机（顺风方向）应安装在牛舍的第一栏（图 2-13）。风机需固定牢固，避免风机运行后晃动过大或是安装不当造成风机外框扭曲，影响风机的寿命。建议除了主控开关外，每台风机单独设置一个控制开关，以便根据实际情况起动不同的风机（图 2-14）。

图 2-13　风机的安装位置在牛舍的第一栏

图 2-14　每台风机单独设置一个控制开关

3. 喷雾设备的选择与安装

喷嘴是喷雾—送风系统的核心部分，选择标准以喷出的雾滴使牛体微湿而地面基本保持干燥为宜。建议开放式的拴系饲养牛舍选用 80 微米喷嘴，开放式的散放饲养肉牛舍选用 100 微米喷嘴。喷嘴按每 100 厘米一个的原则进行布置，首端离墙 500 毫米。根据所要安装的畜舍栋数、畜舍长度和布置方式计算出所需的喷嘴数量，再根据喷嘴的流量参数计算出总需水量。

（1）主机及其他系统的选择 主机系统由电机和水泵组成，选择参数主要是出水量、工作压力和功率；控制系统需要考虑可控制的时间范围和控制区域，根据实际生产需要进行选择；高压喷雾对于水质要求较为严格，需要安装过滤系统，要求达到 50 微米过滤精度。喷雾管线常用聚乙烯（PE）管和紫铜管铺设，管件主要考虑管件的管径是否与喷嘴、给水管、过滤器等配件的管径匹配，高压承受能力是否与喷嘴工作压力相匹配，再结合连接工艺和工程综合造价等综合选择。蓄水箱容积根据总需水量和实际情况确定（图 2-15）。

（2）管线布置及安装 管线设在牛站立高度以上 70～90 厘米处即可，若是牛的个体比较小，管线高度需要考虑人工操作时不会碰到。管线在水平方向的布置，如果是拴系饲养的肉牛，可将管线布置在距颈枷（或食槽内侧）70～80 厘米处；若是小群散放饲养，则可以加大管线距颈枷（或食槽内侧）的距离。喷嘴的方向可直接竖直向下与地面成 90 度角；如果牛舍短轴方向受自然通风影响严重，可稍微调整喷嘴的角度，使喷雾喷向牛体背部而不是食槽方向。安装管线时可以先在舍内拉钢丝绳，然后将管线与钢丝绳绑定在一起，每隔约 2 米吊 1 根铁丝以固定管线，避免运行时管线晃动过大。

（3）使用及注意事项 正确的使用方法能延长设备的使用寿命，同时，也能减少运行成本、提高使用效果。当温度大于 30℃和 32℃可分别起动风机和喷雾。当温度大于 34℃、湿度小于 70% 时，将喷雾系统设置为喷雾 5 分钟、间歇 10 分钟，每 15 分钟为一组循环；当温度小于 34℃、湿度大于 70% 时，喷雾系统可设置为喷雾 3 分钟、间歇 15 分钟，每 18 分钟为一组循环。设备在使用过程中还应注意以下情况：①注意水箱中的水位状况，避免因缺水而造成设备损坏。②及时更换滤芯，当过滤芯发黑时就需要更换，以防止堵塞喷嘴。③喷嘴的使用寿命受水质影响较大，若是喷嘴出现堵塞，可将喷嘴卸下，拆开冲洗并用醋浸泡一段时间后再冲洗干净重新装回。

图2-15　主机系统、控制系统、过滤系统及蓄水箱

二、冬季保温技术

在外界温度低于3℃时，育肥牛的生长发育即受到影响，外界温度在零下十几度或更低时对育肥牛的影响会加重，因此肉牛场必须做好冬

季保温工作，可采取以下技术措施：

1. 采用合理的牛舍结构

生产中常用双列式牛舍，牛舍长度可根据饲养牛数或地理位置条件而定。牛舍呈围栏式散放，中间设走道，走道两侧设置饲槽和饮水器，牛对头站立采食。这种牛舍保温防寒性能好，适用于北方地区饲喂育肥牛。

冬季暖棚牛舍是在北方地区利用塑料膜保温与牛棚舍结合的一种形式，用塑料膜覆盖牛棚面积的 2/3。选用白色透明不结水滴的塑料膜，厚度为 0.02 ~ 0.05 毫米。塑料膜盖棚的坡度在 40 度 ~ 60 度，根据地形、面积等实际情况确定坡度，温暖季节露天开放，寒冷季节覆盖塑料膜，使牛舍呈封闭状态保暖增温。封盖时间从 11 月到第二年 3 月，依各地气候条件适时进行，优点是盖棚面积小、光照充足、不积水、易保温、省工省料。

2. 加强牛舍的保温设计

牛舍加装泡沫板隔热屋顶，墙用空心砖或石头砌成，冬季加上防寒的门帘、双层塑钢窗户，实行全封闭。牛舍中间的过道要随时关闭，清粪时要关闭门窗，清完粪后，牛不在牛舍时拉开门帘进行通风。为了防止舍内过于潮湿，牛舍的棚顶要留通气孔。有条件的牛舍应加装暖气管或者暖气片，除了考虑牛外，还要顾及兽医等工人操作时的取暖问题。确保牛舍不漏雨、不透风，地面不潮湿、清洁卫生，室温宜保持在 10 ~ 18℃。

犊牛对于寒冷相对更敏感一些，寒冷对犊牛的危害比较大。犊牛舍一般采用小型畜舍，设置大卧床，上面垫上垫料，下面地面做硬化处理，然后加上地暖，四周加装暖气管，密封的时候温度能控制在 12℃ 左右。对于新出生的犊牛，可在犊牛舍上方加装浴霸，保证犊牛不因寒冷造成伤亡。

饮水槽采用自动电加热水槽，水温在 10℃ 比较理想，保证牛能喝上温水。

3. 及时清理粪尿

冬季牛舍内温度为 5 ~ 10℃，排出的牛粪在一定时间内不会结冰，所以要及时清理，一旦拖延、结冰就很难彻底清理干净，会越堆越高，再保暖也毫无意义，同时应减少冬季冲洗地面的次数。应在牛床铺设垫料，适当增厚垫料的厚度，确保牛有舒适温暖的环境。

三、通风换气控制技术

牛舍的通风换气技术可分为自然通风和机械通风。自然通风是通过牛舍开放的部分来进行，效果受外界气流速度、温度、风向等影响。炎热季节，加强通风换气，有助于防暑降温，并排出牛舍中的有害气体，改善牛舍环境卫生状况，有利于肉牛增重和提高饲料转化率。寒冷季节若受大风侵袭，会加重低温效应，使肉牛的抗病力减弱，尤其犊牛易患呼吸道、消化道疾病，如肺炎、肠炎等，对牛的生长发育有不利影响。

夏季应打开牛舍门窗或去掉卷帘，尽可能加大自然通风，如果不能满足要求，可以用风机或冷风机来辅助通风；春秋季节，通过调节门窗或卷帘的启闭程度来控制牛舍通风量；到了冬季，在牛舍防寒保暖的同时兼顾通风、保温和控湿，可通过屋顶排气孔通风换气，同时加强门窗维护，防止产生贼风。规模肉牛场可在牛舍外安装风速仪，根据风速自动控制卷帘的高度来调节通风换气，做到"上下通风，中间遮阳"的效果（图2-16和图2-17）。

肉牛舍应设置排气孔（图2-18），加强空气循环。排气孔应设在棚舍的顶部背风面，面积为40厘米×40厘米，间隔5米左右，并安装可以自由开闭的防风帽。有条件的可安装换气扇等设备。

图2-16　牛舍自动控制通风系统内侧

图 2-17　牛舍自动控制通风系统外侧

图 2-18　肉牛舍排气孔

四、光照和噪声控制技术

　　牛舍朝向是影响采光效果的重要因素。牛舍场址要选择地势干燥、背风朝阳、坐北朝南、南偏东或偏西角度不超过15度、采光良好、光照强度大的地方。在设计建造牛舍时要确定牛舍的采光系数。采光系数是指窗户的有效采光面积与牛舍内地面面积之比。肉牛舍的采光系数以1:（12～16）为宜。此外还要考虑到入射角，入射角是牛舍地面中央的一点到窗户上缘所引直线与地面水平线之间的夹角。为保证舍内得到适宜的光照，入射角一般应不小于25度。

　　噪声会引起牛食欲减退、惊慌和恐惧，对牛的生长发育和繁殖性能产生不利的影响。一般要求牛舍的噪声水平白天不超过 90 分贝，夜间不超过 50 分贝。因此，牛场场址不宜与交通干线距离太近，牛场内应选用噪声较小的机械设备。

五、有害气体、尘埃和微生物控制技术

封闭式牛舍，如果设计不当或使用管理不善，或者由于牛的呼吸、排泄物的腐败分解，使空气中的氨气、硫化氢、二氧化碳等有害气体增多，会影响肉牛的生产力。所以应加强牛舍的通风换气，保证牛舍空气新鲜，使牛舍中二氧化碳含量不超过 0.25%，硫化氢含量不超过 0.001%，氨气含量不超过 0.002 毫克/升。

为了减少舍内空气中的有害气体和尘埃，在建造牛舍时应合理设计通风、排水、清粪系统。在生产管理中要及时通风换气和清除粪尿，保持舍内干燥。此外，可使用垫料和吸附剂来减少舍内有害气体。

六、场区空气环境质量控制技术

牛场内的绿化不仅可以改善场区小气候，净化空气，美化环境，而且还可起到防疫和防火等良好作用。绿化可以使牛场空气中的有害气体降低 25% 以上，使场区空气中的臭气减少 50%，尘埃减少 35% ~ 37%，空气中的细菌减少 22% ~ 79%。此外，绿色植物对噪声具有吸收和反射作用。因此，绿化也应进行统一的规划和布局，因地制宜。通常在道路两侧和牛舍周围植树绿化，牛场内空地可以选择种植草坪等绿化措施，以改善场区小气候。

第五节 肉牛场粪污处理技术

一、粪污的危害

肉牛场的粪污可对环境造成严重的污染，影响人畜健康、自然环境和畜牧生产。粪污中粪尿分解产生的有害气体会污染空气，粪尿中有机物、无机盐和病原微生物等会污染水体和土壤。

1. 空气污染，产生恶臭

粪污对空气的污染主要来源于牛场圈舍内外的粪堆、化粪池等，其污染物主要是有机物分解产生的恶臭、有害气体（如硫化氢、氨气等）及携带病原微生物的粉尘。大量粪便如果不及时处理，在高温下发酵和

分解产生的臭味气体，排放到大气中会产生恶臭，同时产生的甲基硫醇、二甲基二硫醚等有毒有害气体，还会导致动物和人的免疫力下降，呼吸道疾病频发。

2. 水体污染

牛场粪污中大量的碳水化合物、含氮化合物等进入水体，被微生物分解，消耗水中的溶解氧，使水中生物因缺氧而大量死亡，进入厌氧腐解过程，造成水体富营养化。此外，由于运输和施用不便，粪肥还田困难，直接排入或通过径流流入江河湖泊，会导致水体水质严重污染，影响沿岸的生态环境；堆置的牛粪混合尿液或雨水、排放污水的地面径流，还会造成地表水、地下水污染。

3. 土壤污染

若将牛场中的粪污不经处理直接作为粪肥施于农田，在土壤中牛粪含有的氮和磷分别转化为硝酸盐和磷酸盐，与土壤中的钙、铜、铝等元素结合形成不溶性复合物，会造成土壤板结、通透性降低，危害植物生长。粪污中含有的寄生虫卵和病原微生物污染土壤，生物污染可造成疫病传播，危害人畜健康。

二、粪污处理的原则

牛场中的粪污既是严重的污染源，同时又是可利用的资源，应当合理选择和设计适合当地条件的粪污处理工艺，达到变废为宝、避免污染的效果。

1. 减量化收集原则

实行干清粪工艺，采取雨污分离、干湿分离等技术措施，保证固体粪便和雨水不进入废水处理设施，从而削减污染总量、减轻后续处理压力。

2. 无害化处理原则

收集和处理场所无渗漏、不溢流，处理过程污染小，处理后的粪便与污水达到国家环境保护行业标准 HJ/T81—2001《畜禽养殖业污染防治技术规范》的要求，粪便可以再利用，出水可以达到排放标准或作为灌溉用水。

3. 资源化利用原则

把粪污转化为生物有机肥，用于农田、果园等，节省化肥投入。也

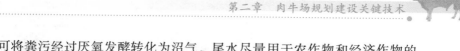

可将粪污经过厌氧发酵转化为沼气，尾水尽量用于农作物和经济作物的灌溉，变废为宝。

4. 可靠性和简便性原则

要求处理技术先进、工艺成熟、质量可靠，在设计中不断吸取先进技术和经验，合理处理人工操作和自动控制的关系，提高系统运行管理水平。

5. 综合效益原则

兼顾环境效益、社会效益、经济效益，将治理污染与资源开发有机结合起来，使牛场粪污治理工程产出大于投入，提高粪污处理工程的综合效益。

三、粪污无害化处理措施

肉牛场的粪便污水是有价值的肥料资源，应合理利用。牛粪要及时清理并运送到贮存或处理场所，污水排放应采用雨污分流的设计，防止污染物扩散及向地下水渗透。尽量做到减量化、无害化和资源化，采用农牧良性循环的生态化处理是解决粪污利用和环境污染的重要措施，也是持续发展的模式；经济循环也是粪污利用的重要措施，即牛粪作为原料制沼气，沼气用于发电或作为燃料实现经济循环。

1. 粪污的收集

粪污的收集要遵循减量化、无害化原则，采取干清粪工艺，对粪污分别收集、分别处理，干清粪工艺，即将干粪由人工或机械进行清扫和收集，然后运送至贮存或处理场所。干清粪工艺的优点是可以最大限度地收集粪便，有利于后续的加工和处理，产生的污水较少，且减少了污水中的固形物，大大减轻污水的处理压力。

污水采用沟渠或管道自流，进入污水池进行后续处理。所有收集污水的通道都要进行防渗处理，防止污染地下水，沟渠还需加盖，做到雨污分离，减轻后续处理压力。

粪便和污水的贮存及处理场所需建造遮雨棚，避免雨水进入。贮粪池及污水池的体积根据饲养量和处理工艺（贮存期）确定。

可以采用三级沉淀池进行固液分离。三个沉淀池相邻，逐级降低，采用重力分离原理进行固液分离，利用格栅、化粪池或滤网等设施进行简单物理处理，定期对沉淀池进行清污，把固体部分分离出来。这种方法投资和运行成本较低，适用于粪污较少的小型肉牛场，缺点是分离出的固形物含水量高，需要与其他方法结合使用。

2. 粪污的处理与综合利用

粪污的处理要遵循无害化、资源化的原则，根据当地及自身条件，选择合适的处理方法。

（1）生态还田 将未发酵的牛粪，直接施入空置的农田，进行耕种，粪便在土壤中进行发酵，自然熟化，这是解决肉牛粪便污染效果优良的一种方法。牛粪是优良的有机肥料，在改善土壤的理化性质、提高肥力等方面具有化肥不能替代的作用。有的地区常将牛粪直接施入农田，但为了防止污染土壤和提高肥效，牛粪应该经高温或药物处理后再利用。原理是将粪污收集后堆积，在有氧的情况下，利用微生物对粪尿有机质进行降解、氧化、合成、转换成腐殖质的生物化学处理，并同时产生高温杀死粪尿中的病原微生物、寄生虫及虫卵，使粪尿快速腐熟、无害化，再将处理后的粪污作为肥料还田利用。

此法的优点是简便易行，消纳量大，投资少，不耗能，无须专人管理，基本无运行费用。缺点是用地较多，污水处理需要另外的设备，并且由于药物残留等问题容易造成二次污染。应用时需注意以下事项：一是施肥后需尽快翻耕，避免污染，或采用专门的施肥机械，将较稀的粪便或混合粪污直接施入土层中；二是每亩（1 亩 ≈ 667 米^2）施用量不超过 5 吨；三是施肥 2 个月后方可栽培作物。

（2）堆肥处理 堆肥即堆积发酵，有好氧堆肥和厌氧堆肥两种工艺。最常用的是好氧堆肥，即将牛粪和辅料按一定比例进行混合，调节好含水量，通过堆积发酵制成有机肥。牛粪中富含粗纤维、粗蛋白质、粗脂肪、无氮浸出物等有机成分，这些物质和秸秆、杂草等有机物混合堆积，将相对湿度控制在 70% 左右，创造一个良好发酵的环境，微生物就会大量繁殖，有机物就会被分解、转化为无臭、完全腐熟的活性有机肥。为了提高堆肥的肥效价值，堆肥过程中可以根据花卉、水果、苗木等植物不同生长阶段对营养素的特定要求，拌入一定量的无机肥及各种肥料添加剂，使这些添加物经过堆肥处理后变成吸收利用率较高的有机复合肥。堆肥过程中形成的特殊理化环境（温度高达 50 ~ 70℃）可杀灭粪中的有害病菌、寄生虫卵及杂草种子，达到资源化、无害化、减量化处理的目的，同时解决了肉牛场因粪便所产生的环境污染。

在牛粪中一般加入秸秆、杂草、米糠、花生壳粉等辅料，添加量为1 吨牛粪添加辅料 150 千克左右。为了提高发酵效率，缩短处理时间，也可以加入一些生物发酵菌剂。

堆肥发酵的时间与堆积方式、外界气温密切相关。冬季发酵时间为90 天左右，夏季为 75 天左右。

为了减少堆肥过程中的臭味，可以采取以下措施：一是通过翻堆和通风，增加供氧量，并适当降低堆温；二是在堆体表面均匀撒一层过磷酸钙，减少氨气的挥发。堆肥完成后，根据辅料的种类和添加数量，预估发酵粪肥的养分含量，再对照目标产品的养分含量，添加适当的无机肥料（氮、磷、钾）和微量元素（硼、铁、锰、硅），还可以添加一些高蛋白质物料（菜粕、豆粕等），接着造粒、干燥、包装，制成有机-无机复混肥或生物有机复合肥，可广泛应用于农田、果园、菜园等。

（3）生产沼气 牛粪尿直接排入沼气池后，利用牛粪有机物在 35 ~ 55℃的厌氧条件下经产甲烷菌等微生物降解产生沼气，同时可灭杀粪尿中有害菌和寄生虫卵等，将粪尿有机物转化为能源，产生沼气、沼渣和沼液。沼气可用来发电、供热；沼渣、沼液可还田、喂鱼和养蚯蚓，从而使粪尿资源化、肥料化和饲料化利用。生产沼气既能合理利用牛粪，又能防止环境污染，实现了能源、肥料、饲料的良性循环。

沼气池必须严格密封，不透气、不漏水，保证良好的厌氧环境；保证原料充足，水分适量，粪污不能过浓或过稀，通常干物质和水的比例以 1 : 10 为宜；产甲烷菌适宜在中性或微碱性的环境中生长繁殖，过酸或过碱的环境会抑制产甲烷菌的生长，发酵液过酸时，可加入石灰或草木灰等碱性物质，pH 在 8 以上时，可投入适量鲜草、菜叶、树叶、水加以调节。该模式的优点是操作容易，处理效率高，投资少，运行管理费用低，对周围环境影响小。缺点是后续处理需要占用土地，且沼气的生产受季节、环境、原材料影响大，存在产量不稳定的缺陷。

（4）养殖蚯蚓 蚯蚓在活动过程中，需要消耗一些营养物质和能量，利用蚯蚓的生理学特点来处理肉牛粪便，不仅为动物蛋白质饲料提供了新来源，并且蚯蚓处理后产生的粪便（以下简称"蚯蚓粪"）和牛粪相比，有机质、钾、氮有所下降，磷略有增加，同时，蚯蚓摄取牛粪中的有机质，分解转化为氨基酸、聚酚等较简单的化合物，在肠细胞分泌的酚氧化酶及微生物分泌酶的作用下形成腐殖质。腐殖质是土壤中植物营养的重要来源，更是形成土壤水稳性结构的重要物质。具体操作方法为：在饲养前，将牛粪堆积成条梗状作为饲养床，再放入蚯蚓种，7~10天后采收。蚯蚓粪是高肥效的有机肥料和绿化土壤改良剂，同时还可以用于城镇绿化、花木种植、蔬菜育苗栽培，既能改土配肥，又可以消臭，因此，比一般有机肥料干净卫生。

3. 污水的处理及综合利用

肉牛场排放的污水中含有许多腐败的有机物，也常带有细菌和病原体，若不妥善处理，就会污染水源、土壤等，并传播疾病。污水处理的方法有物理处理法、化学处理法、生物处理法，这三种处理方法单独使用时均无法把肉牛场高浓度的污水处理好，所以应采用综合系统处理方法。

（1）物理处理法 物理处理法是利用物理作用，将污水中的有机污染物、悬浮物、油类及其他固体分离出来，通常采用格栅、化粪池或过滤网等设施进行简单的处理，经物理处理的污水，可除去40%~65%的悬浮物，并使生化需氧量下降25%~35%。最简单的方法为使污水流入化粪池，经12~24小时后，其中的杂质下沉为污泥，流出的污水则排入下水道。常用的物理处理方法有固液分离法、沉淀法、过滤法等。

固液分离法是将牛舍内粪便清扫后堆好，再用水冲洗，这样既可减少用水量，又能减少污水中的生化需氧量，给污水后续处理减少许多麻烦。

沉淀法是利用污水部分悬浮固体密度大的原理使其在重力作用下自然下沉，与污水分离。

过滤法主要是让污水通过带有孔隙的过滤器使水变得澄清。过滤法处理污水一般先通过格栅，用于清除漂浮物，之后污水进入滤池。

（2）化学处理法 化学处理法是根据污水中所含主要污染物的化学性质，用化学药品除去污水中相应的溶解物质和胶体物质的方法。例如，用三氯化铁、硫酸铝、硫酸亚铁等混凝剂，使污水中的溶解物质和胶体物质沉淀而达到净化目的。

（3）生物处理法 生物处理法是利用微生物的作用，分解污水中的有机物的方法。净化污水的微生物大多是细菌，此外还有真菌、藻类、原生动物等。主要的生物处理方法有氧化塘法、活性污泥法、人工湿地处理法。

1）氧化塘法。氧化塘也称生物塘，是构造简单、易于维护的一种污水处理设施，塘内的有机物由好氧菌进行氧化分解，所需氧气由塘内藻类的光合作用及塘的曝气池提供。曝气池底装配管道和微孔曝气头，通过正压风机把新鲜空气鼓入池水中，增加水中的含氧量，改善好氧菌的生存环境，提高其生长繁殖速度，从而加快污水处理进程。曝气池的深度为 4～6 米，容积为每天污水量的 4～5 倍。氧化塘法的优点是占地面积小，处理效率较高，但投资和运行成本大，工艺较复杂，需要专业设计和施工，运行的管理要求也较高。

2）活性污泥法。在一些污水量处理较多的地区，若经氧化塘处理后的尾水仍达不到排放要求，就需要进行活性污泥法处理。由大量细菌、真菌、原生动物和其他微生物与吸附的有机物、无机物组成的絮凝体称为活性污泥，其表面有一层多糖类的黏质层，对污水中悬浮态和胶态的有机颗粒有强烈的吸附和絮凝能力。活性污泥法是在水中添加絮凝剂（如石灰、硫酸亚铁、碱式氯化铝、聚合三氯化铁、聚丙烯酰胺等），与水中未处理完全的物质发生凝集反应，形成沉淀物，达到净化的目的。有氧时，其中的微生物可对有机物进行强烈的氧化和分解。这种处理体系由加料与混合搅拌池、混凝反应池、沉淀池等单元组成。配制好的絮凝剂溶液，按比例投放到混合搅拌池中进行充分搅拌，然后进入混凝反应池，形成絮凝体。混凝反应池要求流速不高于 15 厘米/秒，时间不少于 30 分钟。混凝反应后进入沉淀池进行最后沉淀。活性污泥法的优点是占地面积小，处理效率高，但投资较大，运行费用高，应与其他方法结合，在其他体系的下游采用，以节约絮凝剂成本，提高混凝反应效果。

3）人工湿地处理法。经过精心设计建造，使粪污慢慢地流过人工湿地，通过微生物与水生植物的互生共利作用，使污水得以净化。该模式与其他粪污处理方法比较，具有投资少、维护保养简单的优点。水生植物根系发达，为微生物提供了良好的生存场所。微生物以有机质为食，它们排泄的物质又成为水生植物的养料。人工湿地常见的水生植物有水葫芦、芦苇、香蒲属和草属植物。某些植物如芦苇和香蒲的空心茎还能将空气运输到根部，为需氧微生物提供氧气。

四、粪污处理技术特点

粪污处理的原则和措施对肉牛场的粪污处理具有指导性意义。粪污排放量及容纳面积的计算，是设计粪污处理工程的基本参数。通过粪污的减量化、无害化收集，可以减轻后续处理的压力。

粪便生态还田法简便易行，消纳量大；堆肥法是制作有机肥的重要环节，施用有机肥能提高土壤有机质和有益微生物种群、改良和修复土壤，增加作物产量，改善农产品品质，保护生态环境；生产沼气可将粪污中的有机质转化为可燃烧的沼气，变废为宝；养殖蚯蚓处理法可以达到牛粪的资源化利用和多产业共同发展的目标。

在污水的处理中，氧化塘设施简单、投资小、处理工艺简便可靠、运行费用很少；人工湿地处理效果好，尾水可以达标排放，也可以用于农田灌溉、养鱼、种植莲藕等，是较理想的污水处理方式。

第三章　肉牛饲料调制和日粮配合关键技术

第一节　饲料中的营养物质及肉牛营养需要

肉牛在维持正常生命活动、育肥、繁殖等过程中，需要从饲料中获取各种营养物质。了解这些营养物质在牛体内的功能和作用，对于提高肉牛饲养水平和预防营养代谢病的发生，充分挖掘肉牛的生产潜力具有重要意义。

一、饲料中的营养物质

按近似养分分析法，饲料中的营养成分可分为水分、粗蛋白质、粗灰分、粗脂肪、粗纤维、无氮浸出物和维生素。采用现代仪器分析技术，还可对粗蛋白质中的各种氨基酸，粗脂肪中的各种脂肪酸、固醇、磷脂，粗纤维中的纤维素、半纤维素、木质素，无氮浸出物中的单糖、双糖、淀粉，粗灰分（矿物质）中的各种常量元素和微量元素，以及各种维生素等进行分析测定。饲料中各种营养物质及它们之间的关系，见图3-1。

二、饲料中各种营养物质在牛体内的作用

1. 水

水是一种极易被忽略但对牛生命极其重要的营养物质。构成牛机体的成分中以水最多。

（1）水的功能　水是牛体内的良好的溶剂，各种营养物质的吸收运送和代谢废物的排出都需要水。牛体内的化学反应必须在水媒介中进行，水不但参与蛋白质、脂肪和碳水化合物的水解过程，而且与许多需要加入或释放水的中间代谢反应息息相关。缺水会使牛的生产力下降，健康受损，生长发育滞缓。轻度缺水往往不易被发现，但长此以往会造成很大的经济损失，因此，在生产中必须给牛自由饮水的条件，且保证

清洁充足的饮水。

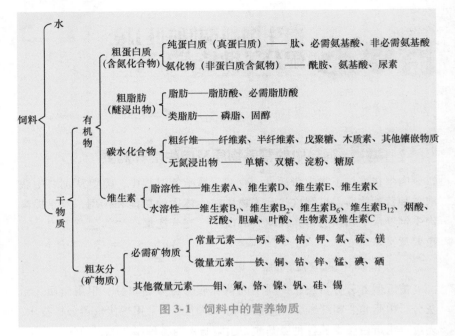

图3-1 饲料中的营养物质

（2）牛体内水的来源与需水量 牛体内水的主要来源是饮水，还有饲料中的水和牛体内有机物质代谢过程中产生的代谢水。饲料含水量为10%~95%，饲料水中含有很多易吸收的营养物质，如品质优良的牧草和多汁饲料常有一定的催乳作用。牛的需水量受品种、年龄、生产力、饲料性质及天气条件等因素影响很大，泌乳牛，饲料中粗纤维、蛋白质、矿物质含量高及气温高时，需水量较多。牛的需水量一般以饲料干物质含量来估计，每采食1千克饲料干物质需要3~4千克水。

2. 能量

饲料中的营养物质进入机体后，经过分解氧化后大部分以热量形式进行能量利用，牛生命的全过程和机体活动，如维持体温、消化吸收、营养物质的代谢，以及生长、繁殖、泌乳等过程均需要消耗能量才能完成。牛体所需的能量来源于碳水化合物、脂肪和蛋白质三大类营养物质。最重要的能量来自于饲料中的碳水化合物（粗纤维、淀粉等）在瘤胃的发酵产物——挥发性脂肪酸。脂肪的能量虽然比其他营养物质高2倍以

第三章

上，但作为饲料中的能量来源不占主要地位。蛋白质可以产生能量，但是从资源的合理利用及经济效益考虑，用蛋白质来提供能量是不适宜的，在配置日粮时尽可能以碳水化合物提供能量。

当能量水平不能满足牛的营养需要时，就会引起生产力下降，健康状况恶化，饲料能量的利用率降低等问题。如泌乳牛能量营养不足时，泌乳高峰迅速消失，在动用体内贮备合成乳时，会造成物质的分解、再合成过程耗能增大，利用效率下降。生长期的牛的饲料中能量不足，则生长停滞；能量过剩，可造成机体能量大量沉积，繁殖力下降。因此，要保持饲料有合理的能量水平，保证牛的健康，提高生产力。

3. 蛋白质

蛋白质是维持生命的重要物质基础，主要由碳、氢、氧、氮四种元素组成，有些蛋白质还含有少量的硫、磷、铁、锌等。蛋白质是三大营养物质中唯一能提供牛体氮素的物质。因此，它的作用是脂肪和碳水化合物不能代替的。常规饲料分析测得的蛋白质包括真蛋白质和氨化物，通常称为粗蛋白质。

蛋白质是维持正常生命活动，修补和建造机体组织、器官的重要物质，如肌肉、内脏、血液、神经、被毛等都是由蛋白质作为结构物质而形成的。由于构成各组织器官的蛋白质种类不同，各组织器官具有各自特异性生理功能。蛋白质还是体内多种生物活性物质的组成部分，如牛体内的酶、激素、抗体等都是以蛋白质为原料合成的。此外，蛋白质还是重要产品的组成成分，如肉、乳等。当日粮中缺乏蛋白质时，犊牛生长发育缓慢，体重减轻；成年牛体重下降；长期缺乏蛋白质，还会引发血红蛋白减少的贫血症；当血液中免疫球蛋白数量不足时，牛抗病力减弱，发病率增加。缺乏蛋白质的牛，食欲不振，消化力下降，生产性能降低。日粮中蛋白质不足还会引起繁殖机能障碍，如母牛发情不明显，不排卵，受胎率降低，胎儿发育不良，公牛精液品质下降。相反，过多地供给蛋白质，不仅会造成浪费，而且还是有害的。蛋白质过多，代谢产物排泄加重了肝、肾的负担，来不及排除的代谢产物可导致中毒。

4. 碳水化合物

碳水化合物是一类有机化合物的总称，由碳、氢、氧 3 种元素组成。碳水化合物是植物性饲料中最主要的组成部分，约占其干物质量的 3/4。

一般饲料分析将碳水化合物分为粗纤维和无氮浸出物两大类，粗纤维由纤维素、半纤维素、戊聚糖及镶嵌物质（木质素、角质等）组成，是植物细胞壁的主要成分。无氮浸出物是指从饲料重量中减去水分、粗蛋白质、粗脂肪、粗灰分后剩余部分的含量，包括单糖、双糖、淀粉和糖原。

碳水化合物是维持机体生命活动的能量来源，虽然在动物体内含量极小，但也是机体组织器官构成物质之一，粗纤维对猪、鸡的作用不大，但对于牛是必需的营养物质，除了为牛提供能量及作为合成葡萄糖、乳脂的原料外，也是维持牛正常消化机能所必需的营养物质。粗纤维性质稳定，不易消化，容积大，吸水性强，能填充消化道，给牛以饱腹感。还能刺激消化道黏膜，促进消化道蠕动，促进未消化物质的排出，保证消化道的正常机能。当牛日粮中粗纤维含量太低时，会出现一系列消化系统疾病或代谢病。

5. 脂肪

脂肪是牛体组织细胞的重要成分，如神经、肌肉、血液等均含有脂肪，各种组织的细胞膜是由蛋白质和脂肪按照一定比例组成的。脂肪是牛的一部分能量来源，也是贮存能量的最好形式。脂肪是脂溶性维生素的溶剂，饲料中的维生素 A、维生素 D、维生素 E、维生素 K 必须溶解在脂肪中才能被消化吸收利用。饲料中缺乏脂肪时，脂溶性维生素代谢会发生障碍，牛可表现出维生素缺乏症。脂肪为动物提供必需脂肪酸（亚油酸、亚麻酸、花生油酸）。犊牛在生长发育过程中必须从饲料中获得必需脂肪酸。必需脂肪酸中亚油酸最为重要，因为其他两种脂肪酸以亚油酸为前体进行合成。成年牛由于瘤胃微生物能合成必需脂肪酸，所以不必从饲料获取。由于牛对必需脂肪酸需要量少，所以在饲养中考虑较少，一般饲料就能满足需要。

6. 矿物质

现已查明有 20 多种矿物质元素为牛机体所必需，这些元素依在动物体内的含量不同，大致分为两类：一是常量元素，指在动物体内含量大于 0.01% 的矿物质元素，属于这类的有钙、磷、钠、氯、钾、镁、硫；二是微量元素，指含量小于 0.01% 的矿物质元素，属于此类的有铁、铜、钴、锌、锰、硒、钼、氟等。

钙和磷是牛体内含量最多的矿物质元素，是骨骼和牙齿的重要成分，约有99%的钙和80%的磷存在于骨骼和牙齿中。钙是细胞和组织液的重要成分，参与血液凝固，维持血液pH及肌肉和神经的正常功能。钙和磷对牛的繁殖影响很大，缺钙可导致难产、胎衣不下和子宫脱出。牛缺磷的典型症状是母牛发情无规律、乏情、卵巢萎缩、卵巢囊肿及受胎率低或发生流产，产下弱犊牛。钙、磷比例不当也会影响牛的生产性能，理想的钙、磷比例是（1~2）:1。

钠和氯主要存在于体液中，对维持牛体内酸碱平衡、细胞及血液间的渗透压有重大作用，能保证体内水分的正常代谢，调节肌肉和神经的活动。氯参与胃酸的形成，确保饲料蛋白质在真胃消化和胃蛋白酶作用所需的pH。

镁约70%存在于骨骼中，镁是碳水化合物和脂肪代谢中一系列酶的激活剂，可影响神经肌肉的兴奋性，镁浓度低时可引起牛机体痉挛。

钾在牛体内以红细胞含量最多。钾具有维持细胞内渗透压和调节酸碱平衡的作用，对神经、肌肉的兴奋性有重要作用，也是某些酶系统所需的元素。牛缺钾表现为食欲减退，毛无光泽，生长发育缓慢，异食，饲料转化率下降，产奶量减少。

硫在牛体内主要存在于含硫氨基酸（蛋氨酸、胱氨酸、半胱氨酸）、含硫维生素（维生素B_1、生物素）和含硫激素（胰岛素）中。硫是瘤胃微生物活动不可缺少的元素，特别是对瘤胃微生物蛋白质合成有重要作用，能将无机硫结合进含硫氨基酸和蛋白质中。

铁、铜、钴这三种元素和牛的造血机能有密切关系，铁是血红蛋白的重要组成部分，铜促进铁在小肠的吸收，是形成血红蛋白的催化剂，铁作为许多酶的组成成分，参与细胞内生物氧化过程，铜是许多酶的组成成分或激活剂，参与细胞内氧化磷酸化的能量转化过程。铜还可促进骨骼和胶原蛋白的生成及磷脂的合成，参与被毛和皮肤色素的代谢，与牛的繁殖有关。钴的主要作用是作为维生素B_{12}的成分，是一种抗贫血因子，牛瘤胃中微生物可利用饲料中提供的钴合成维生素B_{12}，还与蛋白质、碳水化合物代谢有关，参与丙酮酸代谢和糖原异生作用。

锌是牛体内多种酶的构成成分，直接参与牛体蛋白质、核酸、碳水化合物的代谢。锌还是一些激素的必需成分或激活剂。锌可以控制上皮

第三章

细胞的角化过程和修复过程，是牛创伤愈合的必需因子，可调节机体内的免疫机能，增强机体的抵抗力。

锰是许多参与碳水化合物、脂肪、蛋白质代谢的酶的辅助因子，参与骨骼肌的形成，可以维持牛正常的繁殖机能。锰具有增强瘤胃中微生物消化粗纤维的能力，使瘤胃中挥发性脂肪酸增多，瘤胃中微生物总量也增多。

碘是牛体内合成甲状腺素的原料，在基础代谢、生长发育、繁殖等方面有重要作用。日粮中缺碘时，牛甲状腺增生肥大，犊牛生长发育迟缓，骨骼短小。母牛缺碘可导致胎儿发育受阻，引起早期胚胎死亡、流产、胎衣不下；公牛缺碘可导致性欲减退，精液品质低劣。

硒具有某些与维生素 E 相似的作用。硒是谷胱甘肽过氧化物酶的组成成分，能把过氧化物还原，保证生物膜的完整性。硒能刺激牛体内产生免疫球蛋白，增强机体免疫功能。缺硒地区的牛常发生白肌病，表现精神沉郁、消化不良、运动共济失调。

7. 维生素

维生素是一类结构不同、生理功能和营养作用各异的低分子有机化合物。是维持牛体正常代谢所必需的物质，对维持牛的生命和健康、生长与繁殖十分重要。目前为止至少有 15 种维生素为牛所必需，按溶解特性分为两大类，即脂溶性维生素和水溶性维生素，前者包括维生素 A、维生素 D、维生素 E、维生素 K；后者包括 B 族维生素和维生素 C。

(1) 维生素 A 维生素 A 仅存在于动物体内，植物性饲料中的胡萝卜素作为维生素 A 原，可在动物体内转化为维生素 A。维生素 A 与正常视觉有关，对维持黏膜上皮细胞的正常结构有重要作用，维生素 A 参与性激素的合成，促进犊牛生长发育，增强犊牛的抗病能力，是对肉牛非常重要的维生素之一。给牛饲喂高精料日粮、褪色牧草、经阳光暴晒或高温处理的饲料或储存时间较长的饲料，最可能出现维生素 A 缺乏症，缺乏维生素 A 时，牛食欲减退，采食量下降，增重减慢，最早出现的症状是夜盲症。严重缺乏维生素 A 时，上皮组织增生、角质化，抗病力降低；犊牛生长停滞、消瘦。

(2) 维生素 D 维生素 D 可促进小肠对钙和磷的吸收，维持血液中钙和磷的正常水平，有利于钙、磷沉积于牙齿和骨骼中，增加肾小管对磷的重吸收，减少尿液中磷的排出，保证骨的正常钙化过程。缺乏维生素 D 会影响钙和磷代谢，造成牛食欲减退、体质虚弱、被毛粗糙。青绿饲料中的麦角固醇经阳光中紫外线照射转化为维生素 D_2，牛皮下的 7-脱氢胆固醇经阳光中紫外线照射转化为维生素 D_3，因此，让牛晒太阳和饲喂太阳晒过的草，都是补充维生素 D 的简便方法。

（3）维生素 E 维生素 E 是一种抗氧化剂，能防止易氧化物质的氧化，保护富含脂质的细胞膜不受破坏，维持细胞膜完整。犊牛时期若日粮中缺乏维生素 E，可引起肌肉营养不良或白肌病，缺硒时又能促使症状加重。维生素 E 缺乏与缺硒症状一样，都影响牛的繁殖机能。青绿饲料和禾谷类籽实中均含有维生素 E，青绿饲料中含量较高。

（4）B 族维生素 B 族维生素包括 10 余种生化性质各异的维生素，均为水溶性。它们均为辅酶或酶的辅基，参与牛体内碳水化合物、脂肪和蛋白质代谢。犊牛由于瘤胃功能不健全，必须由饲料提供 B 族维生素，成年牛瘤胃中能够合成，一般情况下不必由饲料供给。

（5）维生素 C 维生素 C 又称为抗坏血酸，牛能在肝或肾中合成维生素 C，参与细胞间质中胶原蛋白的合成，维持结缔组织、细胞间质结构及功能的完整性，刺激肾上腺皮质激素的合成。维生素 C 具有抗氧化作用，保护其他物质免受氧化。缺乏维生素 C 时，牛机体周身出血，牙齿松动，贫血，生长停滞，关节变软。研究发现，维生素 C 对母牛的繁殖影响很大，有助于维持正常妊娠。公牛发情期血液中维生素 C 浓度升高能刺激精子生成，提高精液品质和精子活力，提高配种能力。

三、肉牛的营养需要

肉牛的营养需要也称为饲养标准，是指在肉牛饲料和饲养环境都比较理想的条件下进行严格控制试验而获得最佳增重时对各养分的需要量，由于是在理想条件下取得的，一般条件不可能达到，因此被认为是最低需要量。在实际应用中应根据肉牛的品种、环境条件及当地饲料条件而灵活掌握。表 3-1 ~ 表 3-5 列出了生长育肥牛、妊娠母牛、哺乳母牛，以及各阶段维生素的营养需要。

表3-1　生长育肥牛的营养需要

体重/千克	日增重/千克	干物质/千克	肉牛能量单位/(个/千克)	综合净能/(兆焦/千克)	粗蛋白质/克	钙/克	磷/克
	0	2.66	1.46	11.76	136	5	5
	0.3	3.29	1.87	15.10	377	14	8
	0.4	3.49	1.97	15.90	421	17	9
	0.5	3.70	2.07	16.74	465	19	10
	0.6	3.91	2.19	17.66	507	22	11
150	0.7	4.12	2.30	18.58	548	25	12
	0.8	4.33	2.45	19.75	589	28	13
	0.9	4.54	2.61	21.05	627	31	14
	1.0	4.75	2.80	22.64	665	34	15
	1.1	4.95	3.02	24.35	704	37	16
	1.2	5.16	3.25	26.28	739	40	16
	0	2.98	1.63	13.18	265	6	6
	0.3	3.63	2.09	16.90	403	14	9
	0.4	3.85	2.20	17.78	447	17	9
	0.5	4.07	2.32	18.70	489	20	10
	0.6	4.29	2.44	19.71	530	23	11
175	0.7	4.51	2.57	20.75	571	26	12
	0.8	4.72	2.79	22.05	609	28	13
	0.9	4.94	2.91	23.47	650	31	14
	1.0	5.16	3.12	25.23	686	34	15
	1.1	5.38	3.37	27.20	724	37	16
	1.2	5.59	3.63	29.29	759	40	17
	0	3.30	1.80	14.56	293	7	7
	0.3	3.98	2.32	18.70	428	15	9
200	0.4	4.21	2.43	19.62	472	17	10
	0.5	4.44	2.56	20.67	514	20	11

（续）

体重/ 千克	日增重/ 千克	干物质/ 千克	肉牛能量 单位/（个/ 千克）	综合净 能/（兆焦/ 千克）	粗蛋白质/ 克	钙/克	磷/克
	0.6	4.66	2.69	21.76	555	23	12
	0.7	4.89	2.83	22.89	593	26	13
	0.8	5.12	3.01	24.31	631	29	14
200	0.9	5.34	3.21	25.90	669	31	15
	1.0	5.57	3.45	27.82	708	34	16
	1.1	5.80	3.71	29.96	743	37	17
	1.2	6.03	4.00	32.30	778	40	17
	0	3.60	1.87	15.10	320	7	7
	0.3	4.31	2.56	20.71	452	15	10
	0.4	4.55	2.69	21.76	494	18	11
	0.5	4.78	2.83	22.89	535	20	12
	0.6	5.02	2.98	24.10	576	23	13
225	0.7	5.26	3.14	25.36	614	26	14
	0.8	5.49	3.33	26.90	652	29	14
	0.9	5.73	3.55	28.66	691	31	15
	1.0	5.96	3.81	30.79	726	34	16
	1.1	6.20	4.10	33.10	761	37	17
	1.2	6.44	4.42	35.69	796	39	18
	0	3.90	2.20	17.78	346	8	8
	0.3	4.64	2.81	22.72	475	16	11
	0.4	4.88	2.95	23.85	517	18	12
	0.5	5.13	3.11	25.10	558	21	12
	0.6	5.37	3.27	26.44	599	23	13
250	0.7	5.62	3.45	27.82	637	26	14
	0.8	5.87	3.65	29.50	672	29	15
	0.9	6.11	3.89	31.38	711	31	16
	1.0	6.36	4.18	33.72	746	34	17
	1.1	6.60	4.49	36.28	781	36	18
	1.2	6.85	4.84	39.08	814	39	18

（续）

体重/千克	日增重/千克	干物质/千克	肉牛能量单位/（个/千克）	综合净能/（兆焦/千克）	粗蛋白质/克	钙/克	磷/克
275	0	4.19	2.40	10.37	372	9	9
	0.3	4.96	3.07	24.77	501	16	12
	0.4	5.21	3.22	26.98	543	19	12
	0.5	5.47	3.39	27.36	581	21	13
	0.6	5.72	3.57	29.79	619	24	14
	0.7	5.98	3.75	30.29	657	26	15
	0.8	6.23	3.98	32.13	696	29	16
	0.9	6.49	4.23	34.18	731	31	16
	1.0	6.74	4.55	36.74	766	34	17
	1.1	7.00	4.89	39.50	798	36	18
	1.2	7.25	5.60	42.51	834	39	19
300	0	4.47	2.60	21.00	397	10	10
	0.3	5.26	3.32	26.78	523	17	12
	0.4	5.53	3.48	28.12	565	19	13
	0.5	5.79	3.66	29.58	603	21	14
	0.6	6.06	3.86	32.13	641	24	15
	0.7	6.32	4.06	32.76	679	26	15
	0.8	6.58	4.31	34.77	715	29	16
	0.9	6.85	4.58	36.99	750	31	17
	1.0	7.11	4.92	39.71	785	34	18
	1.1	7.38	5.29	42.68	818	36	19
	1.2	7.64	5.69	45.98	850	38	19
325	0	4.75	2.78	22.43	421	11	11
	0.3	5.57	3.54	29.58	547	17	13
	0.4	5.84	3.72	30.04	586	19	14
	0.5	6.12	3.91	31.59	624	22	14

（续）

体重/千克	日增重/千克	干物质/千克	肉牛能量单位/(个/千克)	综合净能/(兆焦/千克)	粗蛋白质/克	钙/克	磷/克
325	0.6	6.39	4.12	33.26	662	24	15
	0.7	6.66	4.36	35.02	700	26	16
	0.8	6.94	4.60	37.15	736	29	17
	0.9	7.21	4.90	39.54	771	31	18
	1.0	7.49	5.25	42.43	803	33	18
	1.1	7.76	5.65	45.61	839	36	19
	1.2	8.03	6.08	49.12	868	39	20
350	0	5.02	2.95	23.85	445	12	12
	0.3	5.87	3.76	30.38	569	18	14
	0.4	6.15	3.95	31.92	607	20	14
	0.5	6.43	4.16	33.60	645	22	15
	0.6	6.72	4.38	35.40	683	24	16
	0.7	7.00	4.61	37.24	719	27	17
	0.8	7.28	4.89	39.50	757	29	17
	0.9	7.57	5.21	42.05	789	31	18
	1.0	7.85	5.59	45.15	824	33	19
	1.1	8.13	6.01	48.53	857	36	20
	1.2	8.41	6.47	52.26	889	38	20
375	0	5.28	3.13	25.27	469	12	12
	0.3	6.16	3.99	32.22	593	18	14
	0.4	6.45	4.19	33.85	631	20	15
	0.5	6.74	4.41	35.61	669	22	16
	0.6	7.03	4.65	37.53	704	25	17
	0.7	7.32	4.89	39.50	743	27	17
	0.8	7.62	5.19	41.88	778	29	18
	0.9	7.91	5.52	44.60	810	31	19
	1.0	8.20	5.93	47.87	845	33	19
	1.1	8.49	6.26	50.54	878	35	20
	1.2	8.79	6.75	54.48	907	38	21

第三章

体重/ 千克	日增重/ 千克	干物质/ 千克	肉牛能量 单位/（个/ 千克）	综合净 能/（兆焦/ 千克）	粗蛋白质/ 克	钙/克	磷/克
400	0	5.55	3.31	26.74	492	13	13
	0.3	6.45	4.22	34.06	613	19	15
	0.4	6.76	4.43	35.77	651	21	16
	0.5	7.06	4.66	37.66	689	23	17
	0.6	7.36	4.91	39.66	727	25	17
	0.7	7.66	5.17	41.76	763	27	18
	0.8	7.96	5.49	44.31	798	29	19
	0.9	8.26	5.64	47.15	830	31	19
	1.0	8.56	6.27	50.63	866	33	20
	1.1	8.87	6.74	54.43	895	35	21
	1.2	9.17	7.26	58.66	927	37	21
425	0	5.80	3.48	28.08	515	14	14
	0.3	6.73	4.43	35.77	636	19	16
	0.4	7.04	4.65	37.57	674	21	17
	0.5	7.35	4.90	39.54	712	23	17
	0.6	7.66	5.16	41.67	747	25	18
	0.7	7.97	5.44	43.89	783	27	18
	0.8	8.29	5.77	46.57	818	29	19
	0.9	8.60	6.14	49.58	850	31	20
	1.0	8.91	6.59	53.22	886	33	20
	1.1	9.22	7.09	57.24	918	35	21
	1.2	9.35	7.64	61.67	947	37	22
450	0	6.06	3.63	29.33	538	15	15
	0.3	7.02	4.63	37.41	659	20	17
	0.4	7.34	4.87	39.33	697	21	17
	0.5	7.66	5.12	41.38	732	23	18

（续）

体重/千克	日增重/千克	干物质/千克	肉牛能量单位/（个/千克）	综合净能/（兆焦/千克）	粗蛋白质/克	钙/克	磷/克
	0.6	7.98	5.40	43.60	770	25	19
	0.7	8.30	5.69	45.94	806	27	19
	0.8	8.62	6.03	48.74	841	29	20
450	0.9	8.94	6.43	51.92	873	31	20
	1.0	9.26	6.90	55.77	906	33	21
	1.1	9.58	7.42	59.96	938	35	22
	1.2	9.90	8.00	64.60	967	37	22
	0	6.31	3.79	30.63	560	16	16
	0.3	7.30	4.84	39.08	681	20	17
	0.4	7.63	5.09	41.09	719	22	18
	0.5	7.96	5.35	43.26	754	24	19
	0.6	8.29	5.64	45.61	789	25	19
475	0.7	8.61	5.94	48.03	825	27	20
	0.8	8.94	6.31	51.00	860	29	20
	0.9	9.27	6.72	54.31	892	31	21
	1.0	9.60	7.22	58.32	928	33	21
	1.1	9.93	7.77	62.76	957	35	22
	1.2	10.26	8.37	67.61	989	36	23
	0	6.56	3.59	31.92	582	16	16
	0.3	7.58	5.04	40.71	700	21	18
	0.4	7.91	5.30	42.84	738	22	19
	0.5	8.25	5.58	45.10	776	24	19
	0.6	8.59	5.88	47.53	811	26	20
500	0.7	8.93	6.20	50.08	847	27	20
	0.8	9.27	6.58	53.18	882	29	21
	0.9	9.61	7.01	56.65	912	31	21
	1.0	9.94	7.53	60.88	947	33	22
	1.1	10.28	8.10	65.48	979	34	23
	1.2	10.62	8.73	70.54	1011	36	23

第三章

65

表3-2 妊娠母牛的营养需要

体重/千克	日增重/千克	干物质/千克	肉牛能量单位/(个/千克)	综合净能/(兆焦/千克)	粗蛋白质/克	钙/克	磷/克
300	6	6.32	2.80	22.60	409	14	12
	7	6.43	3.11	25.12	477	16	12
	8	6.60	3.50	28.26	587	18	13
	9	6.77	3.97	32.05	735	20	13
350	6	6.86	3.12	25.19	449	16	13
	7	6.98	3.45	27.87	517	18	14
	8	7.15	3.87	31.24	627	20	15
	9	7.32	4.37	35.30	775	22	15
400	6	7.39	3.43	27.69	488	18	15
	7	7.51	3.78	30.56	556	20	16
	8	7.68	4.23	34.13	666	22	16
	9	7.84	4.76	38.47	814	24	17
450	6	7.90	3.73	30.12	526	20	17
	7	8.02	4.11	33.15	594	22	18
	8	8.19	4.58	36.99	704	24	18
	9	8.36	5.15	41.58	852	27	19
500	6	8.40	4.03	32.51	563	22	19
	7	8.52	4.42	35.72	631	24	19
	8	8.69	4.92	39.76	741	26	20
	9	8.86	5.53	44.62	889	29	21
550	6	8.89	4.31	34.83	599	24	20
	7	9.00	4.73	38.23	667	26	21
	8	9.17	5.26	42.47	777	29	22
	9	9.34	5.90	47.61	925	31	23

表3-3 哺乳母牛的营养需要

体重/千克	干物质/千克	肉牛能量单位/（个/千克）	综合净能/（兆焦/千克）	粗蛋白质/克	钙/克	磷/克
300	4.47	2.36	19.04	332	10	10
350	5.02	2.65	21.38	372	12	12
400	5.55	2.93	23.64	411	13	13
450	6.06	3.20	25.82	449	15	15
500	6.56	3.46	27.91	486	16	16
550	7.04	3.72	30.04	522	18	18

表3-4 哺乳母牛每千克产奶量的营养需要

干物质/千克	肉牛能量单位/（个/千克）	综合净能/（兆焦/千克）	粗蛋白质/克	钙/克	磷/克
0.45	0.32	2.57	85	2.46	1.12

表3-5 维生素需要量

名称	罗氏公司标准/（国际单位/天·头）	NCR 标准/（国际单位/千克干物质）		
	育肥牛	育肥牛	干奶妊娠牛	哺乳母牛
维生素 A	40000	2200	2800	3900
维生素 D	5000	275	275	275
维生素 E	250	15~60	—	15~60

第二节 粗饲料加工调制技术

　　粗饲料是指粗纤维含量大于或等于18%的饲料分类统称，是肉牛饲料的主要组成部分，对反刍家畜和其他草食家畜极为重要，因为粗饲料不仅可以提供养分，而且对肌肉生长和胃肠道活动也有促进作用，一般可占到肉牛饲料的60%以上，其质量的优劣直接影响肉牛的健康和生产水平。

　　肉牛粗饲料的加工调制主要是指对青干草、青贮饲料、秸秆及其他农副产品进行合理的生产、加工、调制及贮存的工艺过程，通过减少营养损失，提高消化和利用率，增加粗饲料产出效益。不同肉牛粗饲料的物理化学及营养特性有差异，加工调制的方法也不尽相同。按照原料种类通常可分为三类：青干草加工调制技术、青贮饲料加工调制技术、秸秆加工调制技术。

一、青干草加工调制技术

青干草是将牧草或饲料作物在产量和质量兼优时进行刈割，经自然或人工干燥脱水后调制而成的能够在较长时间贮存的青绿饲料。优质的青干草颜色青绿，叶量丰富，质地柔软，气味芳香，适口性好，并保留了绝大部分的蛋白质、脂肪、矿物质和维生素，是肉牛良好的基础饲草料。在实际生产过程中，青干草的品质差异较大，优质青干草的营养价值接近小麦麸，劣质青干草的营养价值有时甚至不如秸秆。要想获得理想的青干草，关键在于刈割时期及正确的加工调制方法。

1. 刈割

饲草刈割要兼顾产草量和营养价值。饲草生长初期，纤维含量较低，蛋白质含量高，适口性好，但是单位面积产量低，含水量高，调制干草困难。到了生长后期，纤维素含量增加，蛋白含量降低，适口性和消化率下降较明显，但干物质产量会提高。适时刈割要兼顾饲草的产量和质量，并综合肉牛对此类青干草的消化利用率。一般豆科饲草建议在现蕾期至开花期刈割，禾本科饲草在抽穗期至灌浆期刈割，但也要根据饲草种类和种植地区的不同而有所变动。

2. 干燥

我国目前调制青干草主要是采用田间晾晒的方法。田间晾晒主要是利用太阳的辐射、空气流动等自然条件使饲草水分蒸发，并将含水量降至20%的过程。饲草在田间干燥的时间越短，营养损失就越少，生产中一般需要用翻晒机进行作业1~2次，以加快干燥速度。但该方法在某些地区会受到天气的影响和限制，我国北方7~8月多雨，调制干草会较为困难，易发生雨淋。

刈割后的饲草在含水量降至20%以下时，便可打捆，此时对于禾本科饲草，紧握草束或进行揉搓时，会有沙沙的响声和干裂声，放开时，草束缓慢散开，茎秆不易折断；而豆科饲草叶片和嫩枝较容易折断，表皮不易用手指刮下。饲草干燥时间的长短取决于植物茎秆的干燥程度，例如，豆科饲草晾晒后，即使叶片含水量达到15%～20%时，茎秆的含水量仍在35%～40%。在生产中，有条件的生产单位可以使用带压扁功能的割草机将饲草茎秆压裂，破坏茎秆的表皮和维管束，使其充分暴露于空气中，加快水分的散失速度，经过压扁后的干草一般田间晾晒时间会缩短1/3～1/2。干草含水量的判断方法见表3-6。

表3-6　干草含水量的判断方法

干草含水量	判断方法	是否适合堆垛
15%～16%	用手搓揉草束时能发出沙沙响声，并发出嚓嚓声，但叶量丰富、低矮的饲草不会发出声音。反复折曲草束时茎秆可折断。叶子干燥卷曲，茎表皮不能用指甲剥下	适于堆垛贮存
16%～18%	揉搓时没有干裂响声，仅能听到沙沙响声。折曲草束时只有部分组织折断，上部茎秆可留下折曲的痕迹，但茎叶不断，表皮几乎不能剥下	可以堆垛贮存
19%～20%	紧握草束时不能听到清脆声音。干草柔软，易拧成草辫，反复折曲而不断。在拧草辫时挤不出水，但有潮湿的感觉。禾本科饲草的表皮剥不掉。有些豆科饲草茎秆的表皮能剥掉	堆垛贮存危险
23%～25%	揉搓没有沙沙响声。折曲草束时，在曲折处有水珠出现，手插入干草里凉的感觉	不能堆垛贮存

3. 贮存

经合理加工调制的青干草，应该及时贮存。贮存不当会造成干草霉变，使养分消耗殆尽，降低饲草营养价值，最终造成巨额经济损失，因此，合理贮存青干草，是影响干草质量的又一个重要环节。青干草捆是采用专用打捆机将干燥后的青干草打成一定体积的长方形或圆柱形草捆，因其体积小、密度大，便于运输和贮存，是一种饲喂肉牛的良好加工贮存方法。目前，打捆机的类型主要分为两种，一种是捡拾打捆机，即在田间捡拾干草条，随即压制成方草捆；另一种是固定式打捆机，人工喂入饲草，可打成高密度草捆。草捆最好安排在田间制作，以减少运输损失，同时制作草捆要选择晴天，且含水量最好控制在18%以下，一般干草含水量越低，草捆密度越大，营养物质在贮存过程中损失越低，但也会存在田间打捆时叶片损失的现象。

当前生产中，调制好的青干草一般都置于干草棚内，以减少雨淋和太阳暴晒风险，减少青干草在贮存时的营养损失。一般简易的干草棚只设支柱和顶棚，四周无墙，但地面要做好防潮防水处理，顶棚做好防雨处理即可，造价较低。同时，青干草在贮存时还需注意：①按时检查干草棚基础设施，发现漏雨现象及时修补，必要时进行翻修处理；②干草棚最好是水泥地面，高出地面一定距离，同时设置通风道，并设置好四周排水渠道；③青干草若含水量在20%以上时，在植物体内酶及微生物的作用下会引起发酵，使温度上升至40~50℃，若过度发酵，草垛接触到空气后可能会发生自燃现象，一般在贮存30~40天时易发生，生产中应格外注意；④在生产青干草过程中，必要时可使用干草防霉剂，以减少贮存损失；⑤堆垛时要根据草垛大小，将草垛间隔一定距离，防止失火后波及全部，并做好消防设施的储备和人员调度安排。

4. 质量评价

调制优质的青干草营养物质保存较好、消化率高、适口性较好，青干草质量评价可通过感官鉴定和化学分析进行判定。

（1）感官评价

1）颜色。青干草的颜色是反映其品质优劣的明显标志，优质青干草呈绿色，且颜色越深其营养物质损失越少，茎秆上每节的颜色是青干草所含养分高低的参考标记，如果每节呈深绿色的部分越长，则青干草所含养分越高；若是呈浅黄绿色，则养分较少；呈白色时，则养分更少；若变黑，则提示有霉变发生的风险。

2）叶量。青干草中，叶片的营养物质含量和消化率显著高于茎秆，叶量的多少可作为青干草品质的参考指标之一。鉴定时可取一束青干草，看叶量的多少，优质豆科牧草的青干草叶量应占到青干草总重量的50%。良好的青干草要求叶量丰富，含有较多的花序和嫩枝，一般情况下，叶中蛋白质和矿物质含量比茎秆多1~1.5倍，胡萝卜素含量多10~15倍，粗纤维含量比茎少50%。

3）牧草形态。适时刈割调制是影响青干草品质的重要原因，初花期进行刈割，青干草中含有花蕾、未结实花序的枝条较多，叶量也多，质地柔软，品质佳。若刈割过迟，青干草中叶量少，且茎秆坚硬，适口性和消化率都下降，品质降低。

4）病虫害情况。有病虫害的牧草调制成的青干草营养价值较低，且不利于肉牛健康。鉴定时可取出部分青干草观察其叶片上是否有病斑出现，或是否带有黑色粉末，如果发现，应慎重考虑饲喂。

禾本科牧草青干草外部感官性状分析见表3-7，豆科牧草青干草质量感官和物理指标及分级见表3-8。

表3-7　禾本科牧草青干草外部感官性状分析

分级	描述
特级	抽穗前刈割，色泽呈鲜绿色或绿色，有浓郁的干草香味，无杂物和霉变，杂草不超过1%
一级	抽穗前刈割，色泽呈绿色，有草香味，无杂物和霉变，杂草不超过2%
二级	抽穗初期或抽穗期刈割，色泽呈绿色或浅绿色，有草香味，无杂物和霉变，杂草不超过5%
三级	结实期刈割，茎粗，叶色呈浅绿或浅黄，无杂物和霉变，干草杂草不超过8%

表3-8　豆科牧草青干草质量感官和物理指标及分级

指标	等级			
	特级	一级	二级	三级
色泽	草绿	灰绿	黄绿	黄
气味	芳香味	草味	淡草味	无味
收获期	现蕾期	开花期	结实初期	结实期
叶量（%）	50~60	30~49	20~29	6~19
杂草（%）	<3.0	<5.0	<8.0	<12.0
含水量（%）	15~16	17~18	19~20	21~22
异物（%）	0	<0.2	<0.4	<0.6

（2）化学分析　采用仪器，对青干草相关化学指标进行检测分析，可对青干草品质的优劣做出更为科学的判断。主要检测指标包括：粗蛋白质、中性洗涤纤维、酸性洗涤纤维、维生素与矿物质等。禾本科牧草青干草质量分级见表3-9，豆科牧草青干草质量的化学指标及分级见表3-10。

表3-9　禾本科牧草青干草质量分级

质量指标	等级			
	特级	一级	二级	三级
粗蛋白质（%）	≥11	≥9	≥7	≥5
水分（%）		≤14		

注：粗蛋白质含量以绝干物质为基础计算。

表3-10　豆科牧草青干草质量的化学指标及分级

质量指标	等级			
	特级	一级	二级	三级
粗蛋白质（%）	>19.0	>17.0	>14.0	>11.0
中性洗涤纤维（%）	<40.0	<46.0	<53.0	<60.0
酸性洗涤纤维（%）	<31.0	<35.0	<40.0	<42.0
粗灰分（%）		<12.5		
β-胡萝卜素（毫克/千克）	≥100.0	≥80.0	≥50.0	≥50.0

注：各项化学指标均以86%干物质为基础计算。

二、青贮饲料加工调制技术

制作青贮饲料的目的是贮存生长旺盛期或刚收获作物后的青绿秸秆或牧草，避免饲草料季节性供应差异，保障常年均衡供应家畜饲料。制作青贮饲料的优点包括：①能长期贮存青绿饲料原有的营养成分，减少养分损失；②能使青绿饲料全年供应；③可改善饲料的适口性，提高饲料的消化利用率；④是青绿饲料保存既经济又安全的一种可靠方法。

1. 青贮饲料的制作原理

青贮是指饲料原料在封闭的条件下，利用乳酸菌厌氧发酵产生乳酸，降低原料pH，并抑制腐败菌、霉菌和某些病菌等有害菌的繁殖，从而达到贮存饲料的目的。饲料青贮是一种复杂的微生物与生物化学过程，参与活动和作用的微生物很多，青贮的成败，也主要取决于乳酸菌的发酵过程。

一般青贮发酵过程大致可分为以下3个阶段：

第一阶段：好氧性细菌活动阶段。新鲜的青贮原料在青贮窖内密封后，植物细胞仍在进行呼吸作用，消耗氧气，产生二氧化碳，分解有机物。在此期间，原料上的霉菌、酵母菌等可利用氧气和植物组织的糖分继续进行生长繁殖，若青贮原料未压实，遗留的空气过多，则氧化程度越强烈，消耗原料的糖分也就越多，使青贮饲料的营养成分遭到破坏，降低饲料的利用率和青贮品质。

第二阶段：乳酸发酵阶段。当青贮窖中的厌氧环境形成后，厌氧乳酸菌开始迅速繁殖，生成大量乳酸，pH 降低。当 pH 降到 4.2 时，腐败菌、丁酸菌、大肠杆菌及其他有害微生物大量死亡，乳酸菌自身活动也被抑制，活动减慢。乳酸发酵阶段一般历时 3～4 周。

第三阶段：稳定期，即青贮饲料的贮存阶段。当乳酸积累到一定量时，pH 为 4.0～4.2 时，乳酸菌活动减弱，甚至完全停止，此时转入稳定状态，青贮饲料可长期贮存。

2. 青贮设施的准备

目前，青贮饲料贮存一般采用窖贮、裹包青贮、灌肠青贮等方式，目前各肉牛场仍以窖贮为主（如图 3-2 所示，用青贮窖贮存黑小麦），因为窖贮成本低，一次青贮制作量比较大，且青贮窖可循环使用。一般青贮窖的容积是依据牛场的养殖规模确定的。通常情况下，青贮窖为砌体结构或钢筋混凝土结构，以地上式为主，应选址在地势高燥、地下水位低、远离水源和污染源、取料方便的地方，使用前要对窖内进行彻底清扫，同时备足覆盖物，如厚塑料布、黑白膜、沙袋等及必要的小型农具。

图 3-2 窖贮黑小麦

青贮窖容积计算方法如下：

青贮饲料年需要量计算：

$$G = A \times B \times C$$

式中　G——青贮饲料年需要量，单位为千克；

　　　A——肉牛日需要量，单位为千克/（天·头）；

　　　B——饲养数量，单位为头；

　　　C——饲喂天数，单位为天。

青贮窖容积需要量计算：

$$V = G/D$$

式中　V——青贮窖容积，单位为米^3；

　　　G——青贮饲料年需要量，单位为千克；

　　　D——青贮饲料密度，单位为千克/米^3。

青贮窖高度一般在 3 米左右，宽度不少于 6 米，为满足机械作业要求，长度在 40 米左右，每天取料厚度要大于 30 厘米。特殊情况下，也可建设数个连体窖或将长的青贮窖进行分割处理，以满足实际生产需要。

3. 青贮原料的准备

可制作青贮饲料的原料很多，目前肉牛常用的青贮饲料有玉米秸秆青贮（黄贮）、全株玉米青贮（带穗玉米青贮），少见部分豆科牧草青贮或非常规饲料青贮。青贮原料在收割时，既要考虑产量，也要兼顾营养物质含量，并保证有足量的碳水化合物和适宜的含水量。

青贮根据含水量可分为高水分青贮（含水量大于 70%）、凋萎青贮（含水量为 60%~70%）、半干青贮（低水分青贮，含水量小于 60%）。禾本科牧草含水量一般为 65%~70%，豆科牧草为 60%~65%。质地较硬的原料含水量略高，为 80% 左右，柔嫩的原料含水量为 60% 为宜。目前，肉牛场主要以去穗玉米青贮或全株玉米青贮为主，含水量一般以茎叶的青绿程度或玉米籽实乳线位置进行衡量判断。茎叶完全绿者，含水量一般为 75% 左右，叶片一半以上绿者，含水量为 70% 左右，枯黄叶片超过一半的，含水量为 65% 左右。如果根据乳线判别，一般乳线达到 1/2 时，此时含水量为 65% 左右，为青贮最佳时期，或将切碎的原料用手挤压 30 秒，松开手原料慢慢散开后，手不湿，含水量为 60%~70%；若料团立即散开，则含水量低于 60%。含水量越高，青贮在压实过程中水分流失会比较严重，营养损失较多。

一般要求青贮原料含糖量不低于鲜重的 1.0% ~ 1.5%，禾本科牧草如玉米、高粱、块根块茎类等含糖量相对较高，易于青贮，而苜蓿、草木樨等豆科牧草青贮相对困难，因此，在制作青贮时可与其他含糖量高的原料进行混合青贮，或辅助添加糖分和乳酸菌制剂以加快乳酸菌发酵。

全株玉米在乳熟期至蜡熟期收割后青贮，收穗的玉米应在玉米果穗成熟后、玉米秆仅有下部叶片枯黄时进行收割，并立即青贮。豆科牧草最适宜的青贮期为现蕾期至初花期。任何青贮原料在装窖前必须铡短，质地粗硬的玉米秸秆等长度控制在 1 ~ 1.5 厘米为宜，柔软的青草可以延长至 2 ~ 3 厘米。

4. 青贮原料的装填、压实与封埋

青贮饲料装窖时，可在窖底先垫一层 10 ~ 20 厘米的碎秸秆，用以吸收在压窖过程中产生的汁液。整体进行分层填装，每层厚约 50 厘米，并应用重型压窖设备进行碾压，直到原料下陷不明显时再进行下一层装填。装填时应特别注意窖的边缘和四角要重点压实，不能有渗漏现象发生。

原料填装完后应立即进行封窖。封窖的方法是在顶部继续添加原料约 50 厘米，盖一层秸秆或软草，再覆盖塑料薄膜，一般以黑白膜为主，上面压轮胎或沙袋，并经常进行检查，若发现有塌陷或渗漏等现象应及时处理，同时窖的墙壁内侧应设排水沟，窖前侧设置暗沟，以利于排出渗液或雨水。如果窖顶下沉有裂缝时，或覆盖物破损时，应及时进行覆土压实或修补，以防青贮内进入空气或渗入雨水。

5. 特殊青贮饲料的制作

（1）半干青贮　又称低水分青贮，一般干物质含量会达到 50%，青贮饲料无酸味或微酸，适口性较好，养分损失也较少。制作半干青贮时，要求在收割后将原料迅速风干，豆科牧草含水量达 50% 左右，禾本科牧草含水量达到 45%，在低水分条件下装窖、压实、密封。由于原料含水量较低，对腐败菌、酪酸菌造成生理干燥状态，它们的生长繁殖受到限制。在低水分状态下，微生物活动微弱，蛋白质分解停止，有机酸生成数量减少，因而能贮存较多的营养物质。一般在华北地区，二、三茬苜蓿收获时正值雨季，调制青干草较为困难，会受到雨淋的风险，可调制成苜蓿半干青贮，以避免损失。

（2）拉伸膜裹包青贮 按照田间割草、打捆、出草捆、缠绕拉伸膜等过程，机械设备可分为移动式和固定式两种裹包机。拉伸膜裹包青贮的优点主要是不受天气影响，贮存时间较长，且使用方便，便于运输。

（3）混合青贮 常见于豆科牧草与禾本科牧草混合青贮，以及含水量较高的或是一些非常规饲料的青贮。有些豆科牧草因为含糖量较低，单独青贮很难成功，而禾本科牧草含糖量较高，若通过适当比例选择适宜的豆科牧草与禾本科牧草进行混合青贮，会获得很好的青贮饲料。含水量高的原料可以与秸秆进行混合青贮，利用秸秆吸收多余的营养汁液，并使自身变得柔软，提高营养物质含量和消化率，满足春季枯草期肉牛对青绿饲料的需求。豆科牧草与禾本科牧草可按 1∶1.5 的比例进行混合。

6. 青贮饲料的开窖与取用

一般青贮在制作 45 天后即可开窖使用，由于青贮饲料密闭不严或开窖后取用不当使原料接触氧气，好氧细菌及腐败菌、酵母菌大量繁殖就会引起青贮饲料的腐败，即发生二次发酵。因此，青贮窖开窖时，应从一端开始，最好采用取料机取料，根据肉牛日采食量，及青贮的横截面积，每天取料深度保证在 30 厘米以上，保障青贮截面的干净整洁，防止青贮饲料在角落堆积，不要采用掏空取料的方式。图 3-3 为取料机取料。

图 3-3 取料机取料

肉牛生长育肥期的青贮玉米日喂量为每 100 千克体重饲喂 4 ~ 5 千克。开始时应少量饲喂，逐步过渡后，肉牛即可习惯采食，注意与其他饲料的合理搭配。冰冻的青贮饲料严禁饲喂肉牛，每天根据需要量进行取料，不能一次大量取用。发霉变质的青贮饲料不能用于饲喂肉牛。

7. 青贮饲料质量的鉴定

青贮饲料一般可根据色泽、气味、质地、指标检测等方法进行鉴定。

（1）色泽 制作优良的青贮饲料与原料本身的颜色较为接近，若青贮前作物为绿色，青贮后仍为绿色或黄绿色。如果出现黄褐色、暗色或黑绿色，则表明青贮饲料品质不佳。

（2）气味 发酵良好的青贮饲料具有芳香酸味和水果香味；品质中等的酸味较浓，稍有酒味或酸味；发酵较差的会有腐臭味和丁酸味。如果出现类似猪粪尿的气味，则说明蛋白质已大量分解；如果有刺鼻臭味或霉烂味，则说明饲料已变质，不能用于饲喂肉牛。

（3）质地 优质的青贮饲料，在窖内紧密压实，拿到手中后质地较为柔软并略带湿润，原料的主要结构基本保持原状；品质较劣的青贮饲料，茎叶结构不能保持原状，多黏结成团，手感黏滑，茎秆结构较硬，不成形状。

（4）指标检测 应用化学指标对青贮饲料品质进行评价，指标主要包括 pH、氨态氮、有机酸（乙酸、丙酸、丁酸、乳酸），通过上述指标来判断发酵情况。

1）pH 是衡量青贮发酵品质好坏的重要指标之一。一般采用酸度计对青贮饲料进行测定，优质的青贮饲料 pH 为 3.8 ~ 4.2（半干青贮略高），pH 超过 4.4 则说明青贮发酵过程中腐败菌较为活跃，pH 超过 5.4，青贮质量较差。

2）氨态氮一般在检测中用氨态氮与总氮的比值表示，主要反映饲料中蛋白质及氨基酸的分解情况，比值越大，说明蛋白质分解得较多，青贮效果不佳。一般情况下，氨态氮与总氮的比值在 10% 以下，则说明发酵品质良好，原料中蛋白质保存得较好。

3）在青贮饲料品质评价中，乙酸、丙酸、丁酸、乳酸四种有机酸的含量较为重要，一般优质的青贮饲料中，乳酸含量所占的比例越大越好，含有少量的乙酸，而不含酪酸。

若青贮制作失败或检测指标相对较差，可从以下几方面分析原因：①原料含水量掌握不当，原料过干或过湿造成原料发酵不良；②原料选择不当，原料本身特性，包括含糖量、乳酸菌、质地等不适合制作青贮，或需要添加制剂或对原料进行加工处理才可制作青贮；③制作过程失败，在原料切短、压实、密封等方面存在不足，导致有害微生物继续生长繁殖，发生了局部霉变现象；④产生二次发酵，青贮饲料开窖后，由于管理不当引起霉变出现温度上升的现象，一般在夏季高温天气容易发生，二次发酵会出现两次温度高峰期，第一次出现在开窖后 1～2 天，由酵母菌引起，第二次出现在开窖后 5～6 天，由霉菌引起。通常情况下，原料切短压实、每天取料深度在 30 厘米以上基本可避免二次发酵的产生。青贮饲料感官鉴定标准见表 3-11，玉米青贮饲料 pH 的质量分级见表 3-12，化学指标及质量分级见表 3-13。

表 3-11　青贮饲料感官鉴定标准

等级	颜色	酸味	气味	质地
优良	黄绿色、绿色	较浓	芳香酸味	柔软湿润、茎叶结构良好
中等	黄褐色、墨绿色	中等	芳香味弱、稍有酒精或酪酸味	柔软、水分稍干或稍多、结构变形
低劣	黑色、褐色	淡	刺鼻腐臭味	黏滑或干燥、粗硬、腐烂

表 3-12　玉米青贮饲料 pH 的质量分级

pH	等级
≤4.00	一级
4.01～4.40	二级
4.41～4.80	三级
≥4.81	等外

表3-13　　玉米青贮饲料化学指标及质量分级

指标	等级			
	一级	二级	三级	等外
粗蛋白质（%）	≥8	≥8	≥8	≤8
中性洗涤纤维（%）	<55	<55	≤60	>60
酸性洗涤纤维（%）	<28	<30	≤32	>32

三、秸秆加工调制技术

秸秆是指农作物在籽实成熟并收获后，剩余的茎秆和附着的干叶的总称。这类饲料的营养价值很低，可消化养分和吸收利用效率不高。通过对这些秸秆进行合理的加工处理，提高其营养价值和适口性，也可成为肉牛的一种良好的粗饲料来源，还能降低了饲养成本。

1. 切短、切碎或粉碎处理

切短粉碎处理是秸秆处理的常用方式，是将秸秆用铡草机和粉碎机处理，切至长2~3厘米，其优点为可增加适口性，提高采食量；减少咀嚼次数，降低咀嚼能量消耗；增加与瘤胃微生物的接触面积，提高消化率；便于与其他饲料进行混合，利于饲喂。切短粉碎的程度不同在使用效率上也有差异，若切得过长，则会发生肉牛挑食，长的秸秆会被剩下；若切得过细，则会影响肉牛的反刍生理过程，严重时会导致瘤胃酸中毒的发生。与未加工的玉米秸秆相比，铡短粉碎后的玉米秸秆可以提高采食量25%，提高饲料效率35%。由于秸秆各部位的消化率不同，因此，采用机械加工将植株茎、叶分开收集是提高秸秆利用价值的新加工方法。

2. 碱化处理

目前主要以氢氧化钠干法处理为主，先将秸秆铡成长3厘米左右的小段，估算重量后，喷施15%氢氧化钠，搅拌后堆垛，要求垛高3米以上，一般每垛为4~6吨，氢氧化钠与秸秆发生化学反应所释放出的热量可集聚在一起，使秸秆发热，堆置几天后便可获得较好的处理效果。少量的余碱对肉牛健康无危害，但饮水和排尿会增加，一般大规模处理可采用机械加工。不同氢氧化钠用量对干物质消化率的影响见表3-14。

表3-14　不同氢氧化钠用量对干物质消化率的影响

氢氧化钠用量（%）	0	4	6	8
采食量/（克/天）	822	1220	1157	1159
干物质消化率（%）	38	54	54	57
氮沉积/克	45	80	63	72
粪中细胞壁量/（克/天）	329	220	195	172

3. 氨化处理

氨化处理主要是通过碱化与氨化双重作用来提高秸秆的营养价值，秸秆中有机物与氨发生氨解反应，破坏木质素与纤维素或半纤维素间的化学键，形成铵盐，并作为瘤胃微生物的氮源，提高微生物的活力，增强对饲料的消化作用。另外，氨可溶于水形成氢氧化铵，对秸秆有一定的碱化作用。具体方法为将草捆堆好后，含水量控制在30%～40%，用塑料薄膜密封，使用液氨或氨水（用量为3%～4%）进行处理，氨化处理与环境温度有关，通过氨化，秸秆粗蛋白质含量可增加5%～6%，采食量和有机物消化率提高10%～15%，在氨化过程中，会有部分氨逸失，开垛后大部分氨也会挥发到空气中。氨化处理中环境温度与处理时间的关系见表3-15。

表3-15　氨化处理中环境温度与处理时间的关系

环境温度/℃	处理时间
<5	8 周以上
5～15	4～8 周
15～30	1～4 周
>30	1 周以下

4. 热喷膨化处理

热喷膨化是将秸秆装入饲料热喷机内，向热喷机内通入过热饱和蒸汽，经过一段时间的高压热力处理，然后对物料突然降压，使其膨化。热喷处理时，秸秆在高压罐内经 1～15 分钟，压力为 0.4～12 兆帕，温度为 145～190℃，含水量为 25%～40%。热喷膨化是利用高温高压和降压处理，打断纤维素分子的链接，熔化木质素，改变粗纤维的整体结构和化学连接方式，致使壁间疏松，细胞游离，物料颗粒骤然变小，总面积增加，原料中有毒有害物质分解。因此，热喷膨化处理可提高秸秆的适口性、采食量和消化率。试验证明，这种加工方式可大幅提升秸秆的消化利用率，但是在当前条件下，由于设备投资较高，大面积推广应用仍具有一定的局限性。

5. 揉搓处理

揉搓处理技术是近几年兴起的一种秸秆物理处理新方法。它采用的是介于铡切与粉碎两种机械加工方式之间的一种新型加工方式，通过揉搓机强大的机械动力将秸秆加工成细丝，这种细丝质地较为柔软，并且无结节结构，切成 8 ~ 10 厘米长的碎段，适口性增强，采食量可提高 20% 以上。

6. 秸秆颗粒化

采用专用的颗粒机，将粉碎后的草粉与黏合剂混合制成颗粒，利于咀嚼，增加适口性，提高采食量，若将经化学处理的秸秆制成颗粒料，则效果会更好。一般肉牛用秸秆颗粒料的直径为 0.8 ~ 1.0 厘米。

第三节 日粮配合技术

日粮成本占肉牛养殖成本的70%以上，抓好日粮配制，实现科学饲养，对提高肉牛出栏重和效益具有重要意义。目前的实际生产中，肉牛的日粮配合还比较粗放，一般根据饲养经验进行饲养，以饲喂方便为主要目标，根据肉牛对各种营养物质的需要配合日粮的模式较少。随着市场对肉牛质量的要求越来越高，这样的饲养方式已满足不了市场的需要。

肉牛日粮是指一头肉牛一昼夜所采食饲料的总量。肉牛日粮配合是根据肉牛不同生理阶段（生长期、空怀期、配种期、妊娠期、哺乳期、育肥期）及不同生产水平的营养需要和不同饲料的营养价值，选择若干饲料原料和添加剂并按照规定的加工工艺配制成营养均衡、全面的饲料产品。简单地说肉牛配合饲料就是把干草、青贮饲料、精饲料，以及矿物质、维生素等，按照营养需要搭配，加工成均匀的、适口性好的配合饲料。

第三章

一、日粮配合原则

肉牛场可以根据本场肉牛的特点和当地的饲料资源状况，自行配合适宜本场肉牛生产需要的日粮。其日粮应营养科学，安全可靠，经济合理，达到最大的育肥效果和经济效益。具体在进行日粮配合时应坚持以下原则。

（1）以营养需要为基础，结合实际适当调整　我国肉牛的营养需要是根据国内的生产实际条件，在适宜温度、舍饲和无应激的条件下制定的。因此，在实际生产中需根据肉牛不同生理阶段，选择适宜的营养需要，并结合本场肉牛的实际情况及当地饲料资源等进行适当调整。

（2）注重经济效益，选择质优价廉原料　充分利用当地饲料资源，因地制宜，选择资源充足、价格低廉的原料，特别是工、农业副产品（果渣、农作物秸秆），以降低肉牛的饲养成本。

（3）饲料种类要多样化，适口性要好　根据肉牛的消化生理特点，合理选择多样化原料进行搭配，注意营养互补，提高日粮的营养价值和饲料转化率。同时，注意营养的全面性，不仅要考虑能量、蛋白质、矿物质及维生素的营养含量是否达到标准，还要考虑原料是否新鲜，有无污染。另外，注意适口性，适口性的好坏直接影响到采食量，采食量降低就会导致日增重降低。尽管要求饲料种类多样化，也要保持饲料种类相对稳定，避免日粮组成突然变换引起肉牛瘤胃不适，影响消化功能甚至引起消化道疾病，在改变日粮种类和配合比例时，应逐渐变化，过渡适应期为10天左右。

（4）精、粗比例要合理　日粮中的精、粗饲料比例关系到肉牛的育肥方式和育肥速度，并且对肉牛健康十分重要。一般情况下，应以粗饲料为主，搭配少量精饲料配合，以干物质为基础，日粮中粗饲料的比例一般为40%～60%。但在强度育肥期，要提高精饲料比例，精饲料可提高至70%～80%。

（5）具有一定的体积和干物质含量　日粮既要满足肉牛营养需要，又要让肉牛吃得饱，吃得下，几乎无剩料，即要有与肉牛消化道相适宜的容积。一般肉牛的采食量为每100千克体重每天采食干物质2～3千克。

（6）正确使用饲料添加剂　根据牛的消化生理特点，抗生素类添加剂会对牛的瘤胃微生物造成伤害，应避免使用。氨基酸、脂肪类添加剂，可选择过瘤胃脂肪和过瘤胃脂肪产品，以免遭受瘤胃微生物的破坏。

二、日粮配合方法

日粮配合方法的原理是按干物质（或风干物质）计算肉牛营养需要量。首先，查找肉牛营养需要表，确定营养需要量；其次，查饲料成分表、列出饲料的营养成分；然后进行计算和平衡，按标准规定值调整配方；最后，要求纤维素含量为 17% 以上，蛋白质与碳水化合物比例为 1:（5～7），钙、磷比例为 2:1。并考虑食盐、矿物质元素及维生素等成分的添加。在此，介绍几个主要且常用的计算日粮配方的方法。

1. 对角线法

对角线法，又称四角法、方形法、图解法或交叉法，是日粮配合的常用方法，简单易学。

例：用本地饲料青贮玉米、玉米、麸皮、棉籽饼、磷酸氢钙、石粉、食盐，为体重 350 千克、日增重 1.2 千克的育肥牛配合日粮。

第一步：从肉牛营养需要表查出体重 350 千克、日增重 1.2 千克的育肥牛所需的各种养分并列入表 3-16，所用饲料的营养成分含量列入表 3-17。

表 3-16 营养需要

体重/千克	日增重/千克	干物质/千克	肉牛能量单位/（个/千克）	粗蛋白质/克	钙/克	磷/克
350	1.2	8.41	6.47	889	38	20

表 3-17 饲料的营养成分含量（风干基础）

饲料原料	干物质（%）	肉牛能量单位/（个/千克）	粗蛋白质（%）	钙（%）	磷（%）
青贮玉米	22.70	0.12	1.60	0.10	0.06
玉米	88.40	1.00	8.60	0.08	0.21
麸皮	88.60	0.73	14.40	0.18	0.78
棉籽饼	89.60	0.82	32.50	0.27	0.81
磷酸氢钙				23.20	18.60
石粉				33.98	

第二步：自定精、粗饲料比例及用量。自定日粮精、粗饲料比例为50∶50。由肉牛的营养需要可知每头牛每天需要干物质 8.41 千克，所以每头每天由粗饲料（青贮玉米）提供的干物质量为 8.41 × 50% ≈ 4.2 千克。那么青贮玉米提供的养分量和尚缺的养分量见表 3-18。

表 3-18　粗饲料提供的养分量及尚缺的养分量

项目	干物质/千克	肉牛能量单位/（个/千克）	粗蛋白质/克	钙/克	磷/克
需要量	8.41	6.47	889	38	20
青贮玉米提供量	4.2	2.22	296	18.5	11.1
尚缺量	4.21	4.25	593	19.5	8.9

所以，由精饲料提供的养分应为干物质 4.21 千克、肉牛能量单位 4.25 个/千克、粗蛋白质 593 克、钙 19.5 克、磷 8.9 克。

第三步：求出各种精饲料和拟配混合料精饲料的粗蛋白质/肉牛能量单位比。

玉米 = 86/1.00 = 86.00。

麸皮 = 144/0.73 = 197.26。

棉籽饼 = 325/0.82 = 396.34。

拟配混合精饲料 = 593/4.25 = 139.53。

第四步：用对角线法算出各种精饲料用量。

1）先将各种精饲料按蛋白能量比分为两类：一类高于拟配混合精饲料；另一类低于拟配混合精饲料，然后一高一低两两搭配成组。本例中高于 139.53 的有麸皮和棉籽饼，低的有玉米。因此玉米既要和麸皮搭配，又要和棉籽饼搭配，每组化成画成一个正方形。将 3 种精饲料的蛋白能量比置于正方形的左侧，拟配混合精饲料的蛋白能量比放在中间，在两条对角线上做减法，大数减小数，得数是该饲料在混合料中应占有的能量比例数。

2）本例要求混合精饲料中肉牛能量单位是 4.25，所以应将上述比例算成总能量为 4.25 时的比例，即将各饲料原来的比例数分别除以各饲料比例数之和，再乘以 4.25。然后将所得数据分别被各原料每千克所含的肉牛能量单位除，就得到这三种饲料的用量。

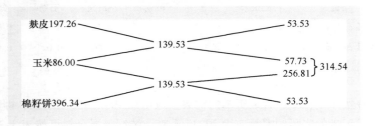

右侧数之和为：53.53 + 314.54 + 53.53 = 421.6。

玉米：314.54 ÷ 421.6 × 4.25 ÷ 1.00 = 3.17（千克）。

麸皮：53.53 ÷ 421.6 × 4.25 ÷ 0.73 = 0.74（千克）。

棉籽饼：53.53 ÷ 421.6 × 4.25 ÷ 0.82 = 0.66（千克）。

第五步：验算混合精饲料养分含量（表3-19）。

表3-19　混合精饲料养分含量

饲料原料	用量/千克	干物质/千克	肉牛能量单位/(个/千克)	粗蛋白质/克	钙/克	磷/克
玉米	3.17	2.80	3.17	272.6	2.5	6.7
麸皮	0.74	0.66	0.54	106.6	1.3	5.8
棉籽饼	0.66	0.59	0.54	214.5	1.8	5.3
合计	4.57	4.05	4.25	593.7	5.6	17.8
与标准相比		−0.16	0	+0.7	−13.9	+8.9

由表3-19得知，混合精饲料中肉牛能量单位和粗蛋白质含量与需求基本一致，干物质尚缺0.16千克，在饲养实践中可适当增加青贮玉米喂量。钙、磷含量的余缺用矿物质饲料调整，本例中钙含量不足，但磷含量已经满足需求，所以，用石粉补足钙即可。

石粉用量为13.9 ÷ 0.34 = 40.88克。

混合精饲料中另加1%食盐，约0.045千克。

第六步：列出日粮组合与混合精饲料的百分比组成，见表3-20。

表3-20　日粮组成及混合精饲料百分比组成

项目	青贮玉米	玉米	麸皮	棉籽饼	石粉	食盐
干物质态用量/千克	4.2	2.80	0.66	0.59	0.041	0.045
饲喂状态用量/千克	18.5	3.17	0.74	0.66	0.041	0.045
精饲料组成（%）	—	68.08	15.89	14.18	0.88	0.97

在实际生产中，青贮玉米的饲喂量应增加10%的安全系数，即每头牛青贮玉米的实际饲喂量应为20.35千克。精饲料混合料可按表3-20的比例进行混合，每天每头牛精饲料混合料的饲喂量约为4.7千克。

2. 试差法

所谓试差法就是先根据配合日粮的一般原则，用所积累的对各种饲料原料的合理使用经验，即通常在实践中对肉牛的使用量，以及营养需要的规定，粗略地把所选用的饲料原料加以配合，计算其中的各种营养成分；再与营养需要比较；根据盈缺情况进行营养成分的调整，直至各种养分含量符合要求为止。此方法综合考虑了肉牛的各种养分需要，且配制肉牛日粮比较简单，容易操作，在实际生产中比较常用。

例：同对角线法一样，用本地原料青贮玉米、玉米、麸皮、棉籽饼、磷酸氢钙、石粉、食盐，为体重350千克、日增重1.2千克的育肥牛配合日粮。

第一步：从肉牛营养需要表查出体重350千克、日增重1.2千克的育肥牛所需的各种养分并列表（参照表3-16），所用饲料的营养成分含量同样列表（参照表3-17）。

第二步：根据经验初步确定各种饲料用量并计算其养分含量。假设青贮玉米在日粮干物质中占50%（精、粗比为50:50），玉米占30%，麸皮占10%，棉籽饼占10%。则初定日粮中养分含量见表3-21。

表3-21　初定日粮中养分含量

饲料原料	用量/千克	干物质/千克	肉牛能量单位/（个/千克）	粗蛋白质/克	钙/克	磷/克
青贮玉米	18.52	4.204	2.222	296.3	18.5	11.1
玉米	2.85	2.519	2.850	245.1	2.3	6.0

（续）

饲料原料	用量/千克	干物质/千克	肉牛能量单位/（个/千克）	粗蛋白质/克	钙/克	磷/克
麸皮	0.949	0.841	0.693	136.7	1.7	7.4
棉籽饼	0.939	0.841	0.770	305.2	2.5	7.6
合计	23.26	8.41	6.54	983.3	25.0	32.1
与标准比较		0	+0.07	+94.3	-13.0	+12.1

第三步：调整。由表3-21可见，初定日粮中能量与标准相似，蛋白质含量超标，钙含量不足，磷含量超标。调整方法：因为麸皮和棉籽饼能量差不多，而蛋白质却比棉籽饼低很多。所以可用等量麸皮替代棉籽饼，首先以粗蛋白质符合标准计算取代量：94.3÷（325-144）≈0.521（千克）。能量减少量为：0.521×（0.82-0.73）≈0.05，能量为6.49，依然符合标准。将调整后的日粮列出，并重新计算养分含量，如表3-22所示。

表3-22　调整后日粮养分含量

饲料原料	用量/千克	干物质/千克	肉牛能量单位/（个/千克）	粗蛋白质/克	钙/克	磷/克
青贮玉米	18.52	4.204	2.222	296.3	18.5	11.1
玉米	2.85	2.519	2.850	245.1	2.3	6.0
麸皮	1.472	1.304	1.075	212.0	2.6	11.5
棉籽饼	0.416	0.373	0.341	135.2	1.1	3.4
合计	23.26	8.40	6.49	888.6	24.5	32.0
与标准比较		-0.01	+0.02	-0.4	-13.5	+12

调整日粮后矿物质中钙含量依然不足，但磷含量已经超量，按照钙、磷比例为2:1的营养需要，应补充钙到64克，故应添加石粉的量为（64-24.5）÷339.8≈0.12（千克）。混合精饲料中应添加1%的食盐，约50克，还要添加1%的肉牛预混料，约50克。所以本例中育肥牛日粮

配方为：青贮玉米 18.52 千克、玉米 2.85 千克、麸皮 1.472 千克、棉籽饼 0.416 千克、石粉 0.12 千克、食盐 50 克、1% 的预混料 50 克。混合精饲料的百分比组成为：玉米 57.48%、麸皮 29.69%、棉籽饼 8.39%、石粉 2.42%、食盐 1%、1% 的预混料 1%。为了配料方便，玉米按照 57%，麸皮按照 30%，棉籽饼按照 8.5%，石粉按照 2.5%，食盐按照 1%，1% 的预混料按照 1% 计算。

初拟配方时，可先将矿物质、食盐及预混料等饲料原料确定，并对含有毒素、营养抑制因子等不良物质的饲料原料可根据生产上的经验将其用量固定。为了防止饲料原料质量出现问题导致产品中营养成分不足。配方营养水平应稍高于营养需要。

3. 计算机法

计算机法又叫电子计算机专用程序运算法，主要是根据有关数学模型编制专门的程序软件，进行饲料配方的优化设计，涉及的数学模型主要有线性规划、多目标规划、模糊规划、概率模型、灵敏度分析、多配方技术等，其中运用最多的是线性规划模型。肉牛日粮用计算机法就是利用编制的专门用于计算肉牛营养需要计算机程序或程序软件包计算肉牛日粮配方。目前，国内外较大型的肉牛养殖场或饲料加工厂广泛采用计算机进行日粮配合的计算，其特点是方便、快速和准确，能充分利用各种饲料资源，降低配方成本。

计算机法适合于饲料原料品种多的地方，如果饲料品种少，没有筛选的余地，计算机达不到优化筛选日粮配方的目的，此时与试差法计算出的配方差别不大，只是快捷而已。试差法与对角线法适合在饲料品种少的情况下使用，适用于我国广大农村地区的肉牛小养殖户。

三、肉牛典型日粮配方

1. 犊牛饲料配方

配方 1：玉米 50%、麸皮 12%、豆粕 30%、鱼粉 5%、骨粉 1%、碳酸钙 1%、食盐 1%。体重为 90~100 千克的哺乳犊牛，早期补饲上述犊牛料和优质青绿饲料，1~6 月龄平均日增重为 600 克以上。

配方 2：玉米 48%、麸皮 29%、豆粕 19%、牡蛎粉 2.5%、食盐 1.5%。日采食为 1.25 千克，鲜奶（含干物质 12.3%）5.3 千克，饲喂 150 天。外加秋白草、玉米青贮，自由采食。6 月龄内平均日增重为 607 克，

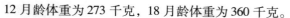

12 月龄体重为 273 千克，18 月龄体重为 360 千克。

配方 3：玉米 35%、麸皮 22%、豆饼 35%、高粱 5%、骨粉 1%、碳酸钙 1%、食盐 1%。1~6 月龄喂本配方饲料 287.6 千克以外，初期喂奶 133.25 千克。平均日增重为 683.3 千克。

配方 4：玉米 22%、麸皮 20%、豆饼 35%、高粱 20%、骨粉 1%、食盐 1%、多维生长素 1%。

2. 育肥肉牛日粮配方

配方 5：玉米 15%、胡麻饼 13.6%、全株青贮玉米 35%、干草粉 5%、白酒糟 31%、食盐 0.4%。

配方 6：玉米 10%、棉籽饼 12%、全株青贮玉米 44.6%、玉米秸秆 3%、白酒糟 30%、食盐 0.4%。

配方 5 和配方 6 适用于体重为 300 千克以下的育肥肉牛，每头每天干物质采食量为 7.2 千克，预计日增重为 900 克。

配方 7：玉米 10.4%、棉籽饼 32.2%、鸡粪 4.1%、玉米秸秆 9.1%、全株青贮玉米 13.4%、白酒糟 30%、石粉 0.5%、食盐 0.3%。

配方 8：玉米 26%、棉籽饼 12%、玉米秸秆 3%、全株青贮玉米 37%、白酒糟 21.1%、石粉 0.5%、食盐 0.4%。

配方 9：玉米 37.6%、全株青贮玉米 19%、干草粉 5%、白酒糟 28%、胡麻饼 10%、食盐 0.4%。

配方 7、配方 8 和配方 9 适用于体重为 300~400 千克的育肥肉牛，每头每天干物质采食量均为 8.5 千克，预计日增重均为 1100 克。

配方 10：玉米 38.6%、青贮玉米 22%、菜籽饼 9%、干草粉 4%、白酒糟 26%、食盐 0.4%。

配方 11：玉米 25.8%、棉籽饼 13%、玉米秸秆 3%、青贮玉米 37%、白酒糟 20.3%、石粉 0.5%、食盐 0.4%。

配方 10、配方 11 适用于体重为 400~500 千克的育肥肉牛，每头每天干物质采食量为 9.8 千克，预计日增重均为 1100 克。

配方 12：玉米 42.6%、大麦粉 5%、杂草 7%、青贮玉米 28.5%、苜蓿粉 11.5%、白酒糟 5%、食盐 0.4%。

配方 13：玉米 27%、大麦粉 5%、菜籽饼 8.6%、青贮玉米 19%、玉米秸秆 6%、白酒糟 34%、食盐 0.4%。

配方 14：玉米 29.6%、大麦粉 5%、菜籽饼 8.6%、青贮玉米 37%、白酒糟 19.4%、食盐 0.4%。

配方 15：玉米 30%、大麦粉 5%、棉籽饼 9.6%、青贮玉米 20%、玉米秸秆 6%、白酒糟 29%、食盐 0.4%。

配方 12~配方 15 适用于体重为 500 千克以上的育肥肉牛，每头每天干物质采食量为 10.4 千克，预计日增重均为 1100 克。

肉牛繁殖关键技术

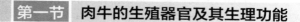

第一节 肉牛的生殖器官及其生理功能

一、公牛的生殖器官及其生理功能

公牛的生殖器官由睾丸、附睾、输精管、副性腺（精囊腺、前列腺和尿道球腺）、尿生殖道、阴茎组成。它们的主要作用是产生精子和精液，并用于交配。

1. 睾丸

睾丸是公牛的生殖腺，呈椭圆形，上侧为睾丸头，下侧为睾丸尾，前缘为游离缘，后缘为附睾缘。它位于阴囊中，左右各一，主要功能是产生精子和分泌雄激素。睾丸和附睾被白色的致密结缔组织膜（白膜）包围，白膜向睾丸内部伸入构成睾丸纵隔。睾丸纵隔向外呈放射状发出结缔组织中隔，将睾丸分成许多圆锥形的睾丸小叶。每个睾丸小叶都有3~4个弯曲的生精小管，这些生精小管到睾丸纵隔处汇合成为精直小管，精直小管在纵隔内形成睾丸网。生精小管是产生精子的地方。睾丸小叶的间质组织中有血管、神经和间质细胞。

2. 附睾

附睾分头、体、尾三部分，附着在睾丸的后缘稍偏外侧。附睾头膨大，由十多条睾丸输出小管组成，这些输出小管合成弯曲的附睾管而形成附睾的体和尾。附睾对精子具有运输、浓缩分泌、贮存、促进生理成熟和吞噬作用。睾丸和附睾都位于阴囊内，阴囊具有保护睾丸和调节睾丸温度的作用。

3. 输精管

输精管由附睾管直接延续而成，由附睾尾沿附睾体至附睾头附近。输精管是精子由附睾排出的通道。输精管从附睾尾部开始由腹股沟管进入腹腔，再向后进入骨盆腔到尿生殖道起始部背侧，开口于尿生殖道黏膜形成的精阜上。输精管的盆腔部分扩大呈梭状，称为输精管壶腹部。

4. 副性腺

副性腺有 3 对，即精囊腺、前列腺和尿道球腺。射精时，它们的分泌物，加上输精管壶腹的分泌物混合在一起称为精清，精清与精子共同组成精液。

（1）精囊腺 位于膀胱背侧、输精管壶腹部外侧，精囊输出管和输精管共同开口于精阜上。分泌物呈浅白色，是精液液体部分的主要成分，含有果糖、柠檬酸盐等物质，能为精子提供营养和刺激精子运动。

（2）前列腺 是分支的管状腺，分为体部和弥散部，位于膀胱颈和尿生殖道壁上，有部分围绕尿道向后伸展到尿道黏膜与尿道肌之间。前列腺有很多开口在精阜两侧的排出管。前列腺的分泌物呈碱性，使精子活动能力增强。

（3）尿道球腺 在尿道骨盆部后端的两旁，其分泌物为透明黏性液体，在射精前排出以清除尿道中残留的尿液。

5. 尿生殖道

尿生殖道分为骨盆部和阴茎部。骨盆部和阴茎部以坐骨弓为界，在交界处管腔稍变窄，称为尿道峡部。输精管、精囊腺、前列腺和尿道球腺的开口都在尿生殖道骨盆部。尿生殖道阴茎部包在尿道海绵体内，在阴茎体腹面的尿道沟内，其开口是尿道外口。

6. 阴茎

阴茎是公牛的交配器官，主要由海绵体构成，包括阴茎海绵体、尿道阴茎部和外部皮肤。公牛的阴茎较细，中部有 S 状弯曲，交配时 S 状弯曲伸直。在阴茎的腹侧有阴茎缩肌，可将阴茎缩进包皮内。阴茎的末端是龟头，一般呈稍向左扭转状。包皮是包围阴茎头的皮肤褶。

7. 精子及精液

（1）精子 精子是雄性动物性腺分化出来的生殖细胞，公牛在初情期（性成熟期）直至生殖机能逐渐衰退，公牛生精小管上皮进行生殖细胞分裂和演变，使精子不断产生和释放。以精原细胞为起点，在精细管内由精原细胞经过精母细胞到精细胞的分化过程称为精子发生。精细胞在睾丸生精小管内变形的过程称为精子的形成。精子分为头、颈、尾三部分。发育完善的精子包括含有核酸的扁平的头部和精子运动所必需的尾部，整个精子由质膜覆盖。

（2）精液

1）精液的构成。精液由精子和精清两部分组成，即活的精子悬浮在液态和半胶样的精清中，精清是副性腺（包括附睾和输精管）分泌物。在有氧条件下，精子可利用多种基质（如糖类、自身的脂肪和蛋白质）产生能量，呼吸过程中的产物对精子有害，使其存活时间缩短。在无氧条件下，精子可以通过分解果糖获得能量，精子在母牛生殖道中一般处于无氧状态，其能量来源是果糖，在冷冻保存精液时利用这个特点，采取与空气隔离、降低温度、降低 pH 等措施来延长精子存活时间。

2）精液的一般性状。

① 色泽。正常精液的色泽一般为乳白色、浅灰色或浅乳黄色。精液密度越高、色泽越深，反之，则越浅。精液颜色异常表明公牛生殖器官可能有疾病，如精液呈浅绿色可能混有脓液，呈浅红色可能混有血液，呈黄色可能混有尿液，均应弃用或停止采精，并及时查明病因，给予治疗。但需注意，公牛吃了某些含核黄素的饲料，也可使精液颜色变为黄色，应加以区别。

② 气味。精液一般略有腥味，有的牛带有其本身固有的气味，如牛精液略有膻味。气味异常常伴有色泽的改变。

③ 状态。精子密度大和活力强的精液，放在玻璃容器中或在显微镜下观察，可看到有"云雾"状态（精子运动翻滚如云雾状）。精液的质量越好，这种状态越明显。

④ pH。加一滴精液于试纸上，与标准色板对照确定。一般新采集的原精液 pH 近中性，精液的 pH 受个体、采精方法及副性腺分泌物等因素的影响而有所变化。如用假阴道法采得的精液 pH 为 6.4，但用按摩法采集的精液 pH 为 7.85。公牛患有附睾炎或睾丸萎缩症时，其精液偏碱性。

3）精液量。指公牛一次采精射出精液的容量。可从有刻度的集精管上测得，或直接用小量筒或注射器针管测量。每头公牛的射精量一般保持在一定的范围内，如果射精量太多，可能是由于过多的副性腺分泌物或其他异物（尿、假阴道漏水）混入；如果射精量太少，可能是由于采精方法不当，采精过频或生殖器官机能衰退等造成。评定公牛正常射

第四章

精量时，应以一定时间内多次射精总量的平均数为依据。

（3）影响精子体外存活的因素

1）温度。温度是影响精子运动和存活时间的重要因素。37～38℃是保持精子正常运动的适宜温度。温度较高时，精子的活动能力和代谢加强，能量消耗加快，存活时间缩短；温度降低，精子活动缓慢，代谢降低，能量消耗减少，存活时间延长。在5℃左右精子呈休眠状态，所以在人工授精中，要防止温度急剧变化影响受精能力。

2）渗透压。精子只有在等渗溶液中才能保持正常的运动和存活。在低渗溶液中，精子尾部发生环状或半圆状弯曲，摇摆运动，很快死亡。在高渗溶液中精子尾部发生锯齿状弯曲，运动缓慢，最后死亡。因此，所用精液稀释液应保持等渗，配制时剂量要精确，在操作过程中要防止精液与水接触。

3）酸碱度（pH）。精子存活和运动最适宜的 pH 为 6.6～6.8。在酸性溶液中精子运动被抑制，在碱性溶液中精子运动加强。受酸抑制运动的精子，当 pH 变为中性或弱碱性时，精子的运动可以恢复，所以在保存和稀释精液时，要考虑到精液的酸碱度。

4）光线。直射阳光能刺激精子加强运动，缩短存活时间。直射阳光中的紫外线、红外线都对精子有害。因此，精液要避免阳光直射，通常集精杯颜色应为棕色。

5）振动。振动能使精子的存活时间和受精能力降低。所以，在精液处理、运输等过程中应减少振动。

6）化学物质。化学消毒剂，如强酸、强碱、酚类和各种金属氧化物都对精子有害；强烈的气味，如煤油、纸烟、松节油和氨等的气味也对精子有害。所以，人工授精操作室中应避免这些物质的影响。

（4）影响精液品质的因素

1）营养。要保证公牛有旺盛的性欲和品质优良的精液，必须满足配种所需的各种营养成分。营养不足或缺乏某些营养成分，如蛋白质、维生素和矿物质，都将影响公牛的配种能力和精液品质。

2）季节。公牛的生殖机能受季节影响不明显，但在春季温度较低时精子密度高、畸形精子少；在炎热的夏季，精子密度低、畸形精子多。

3）配种次数。公牛的配种次数以每周 2～3 次较合适，如果每天配种 1 次，连续几天后要休息 1 天。对青年公牛一般每周配种不超过 2 次。过度配种会影响公牛的繁殖能力和精液品质。

4）运动。适当的运动能促进公牛的性欲和精子的生成。缺乏运动或运动过量都会影响公牛的配种能力和精液品质。

二、母牛的生殖器官及其生理功能

母牛的生殖器官由内生殖器官和外生殖器官组成。内生殖器官包括性腺（卵巢）和生殖道（输卵管、子宫、阴道），外生殖器官包括尿生殖前庭、阴蒂和阴唇。卵巢、子宫等子宫颈以前的内生殖器官由子宫阔韧带系于腹腔两侧壁，以保持其在腹腔、骨盆腔中的位置。子宫颈以后的各部分由结缔组织及脂肪固定在骨盆的侧壁上（图4-1）。

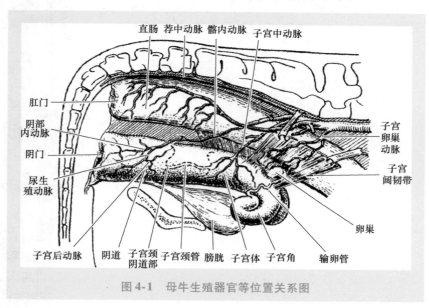

图 4-1　母牛生殖器官等位置关系图

1. 卵巢

牛的卵巢分左、右两个，呈稍扁的长椭圆形，一般厚 1.5 厘米、宽 1.5～2 厘米、长 2～3 厘米。卵巢位于子宫尖端两侧，附着在子宫阔韧带前的卵巢韧带上。育成母牛的卵巢在骨盆腔内耻骨前缘之后，经产母牛的卵巢在耻骨前缘的前下方。卵巢组织分为皮质部和髓质部，皮质内含有卵泡及卵泡的续产物（红体、黄体和白体）；髓质内含有许多细小的血管和神经，其出入的地方称为卵巢门。卵巢表面除卵巢门附近为浆膜外，其他部分都为生殖上皮。卵巢门处常有成群的较大上皮样细胞，称为门细胞，其具有分泌雄激素的功能，卵巢表面有处于不同发育阶段的卵泡或黄体（图4-2）。

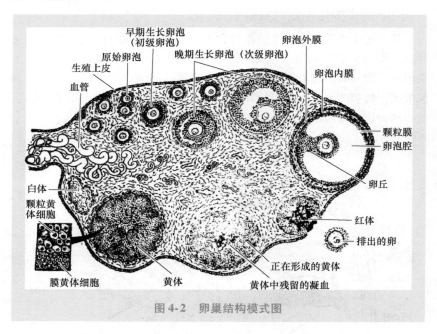

图4-2　卵巢结构模式图

2. 输卵管

输卵管是卵子由卵巢到子宫的必经之路，是弯曲而逐渐变细的管子，起始部膨大，称为输卵管漏斗，漏斗边缘有许多呈伞状的突起，称为伞，其前端附着在卵巢的前端，排卵时接受卵子。输卵管的后口通入子宫角。输卵管的主要功能：一是承受并运送卵子；二是精子获能部位；三是具有分泌功能。

3. 子宫

子宫包括子宫角、子宫体和子宫颈三部分，整个子宫呈卷曲的绵羊角状。子宫是胎儿发育成熟的器官。子宫的生理机能：一是借助子宫的蠕动，子宫黏膜分泌大量黏液，可协助精子到达输卵管内；二是受精卵着床的部位；三是供给胎儿营养，是供胎儿生长发育的地方。

4. 阴道

阴道位于直肠腹侧面，其前端为子宫颈阴道部和阴道壁之间形成的阴道穹窿，其后端与尿生殖前庭相连，长 22 ~ 28 厘米。阴道是母牛的交配器官，也是胎儿的产道。

5. 外生殖器官

尿生殖前庭是阴瓣至阴门的一段短管，是生殖道和尿道的共同管道。其前端由阴瓣与阴道连接，两侧壁的黏膜上有前庭大腺的开口，在靠近阴蒂处有前庭小腺开口，尿道口开口于前庭前端、阴瓣的后方。在尿道开口下方有一盲囊，称尿道憩室。阴唇的左右两片构成阴门（水门），阴门下端内有阴蒂窝，内有阴蒂。阴蒂黏膜内有许多感觉神经末梢。

第二节 肉牛的繁殖规律

肉牛的生殖生理是牛繁殖的自然规律，也是实施繁殖技术的基础。因此，运用好繁殖关键技术必须熟悉肉牛的生殖生理和繁殖规律。

一、性成熟与初配年龄

性成熟是一项重要的繁殖力指标。性成熟提早可以缩短后备牛的培育时间，降低生产成本。初配年龄是根据母牛生殖器官、身体的发育情况及使用目的而人为确定的用于配种的年龄阶段，并非一个特定的生理阶段。性发育早于身体发育，一般情况下，达到性成熟时肉牛的体生长仅为体成熟时的40%~60%，如果过早配种会影响肉牛自身的生长发育和繁殖潜力的发挥。实际生产中，公、母牛尤其是公牛的初配年龄应晚于性成熟数周、数月甚至一年。通常达到性成熟而且体重生长达到成年体重70%左右的青年牛才适宜初配。

二、发情与发情周期

1. 发情的表现

发情是母牛性活动的表现，是由卵巢上的卵泡发育引起，受下丘脑-垂体-卵巢性腺轴调控的生理现象。在垂体促性腺激素的作用下，当母牛卵巢上的卵泡发育与成熟时所分泌的雌激素（雌二醇）在血液中浓度增加到一定量时，就引起母牛生殖生理的一系列变化，表现为性冲动，愿意接近公牛，并接受交配。

牛是全年多次发情的家畜。发情母牛会发生一系列生理及行为上的性活动变化。

（1）卵巢的变化　在发情前2～3天卵巢内卵泡发育很快，卵泡液不断增多，卵泡体积逐渐增大，卵泡壁变薄，凸出于卵巢的表面，最后成熟排卵，排卵后逐渐形成黄体。

（2）生殖道、外阴部的变化　由于雌激素的作用，发情母牛外阴部充血、肿胀，子宫颈松弛、充血，颈口开放，腺体分泌增多，阴门流出透明的黏液。输卵管上皮细胞增长，管腔扩大，分泌物增多，输卵管伞兴奋张开、包裹卵巢。

（3）行为变化　发情母牛接受其他牛爬跨或爬跨其他牛，在发情旺盛时接受其他牛爬跨且静立不动。眼睛充血，眼神锐利，常表现出兴奋、不安，有时哞叫，食欲减退，排尿次数增多，产奶量下降。

2. 发情周期

母牛出现第一次发情后生殖器官及整个机体的生理状态发生一系列的周期性变化，这种变化周而复始（妊娠期除外），一直到繁殖年龄结束为止，这种周期性的性活动称为发情周期或性周期。一般把从这一次发情开始到下一次发情开始计算为一个发情周期，一般母牛发情周期平均为21天（18～25天），育成母牛为20天（18～24天）。

（1）发情周期的分期　根据母牛的精神状态、卵巢的变化及生殖道的生理变化可以把母牛的发情周期分为四个时期：

1）发情前期。发情前期是发情的准备阶段，随着上一个发情周期黄体的逐渐萎缩退化，新的卵泡开始发育并增大，雌激素在血液中的浓度也开始增加，生殖器官开始充血，黏膜增生，子宫颈口稍有开放，但尚无性欲表现，此期持续1～3天。

2）发情期。指母牛从发情开始到发情结束所持续的时间，也就是发情持续期。母牛有性欲表现，外阴部充血肿胀，子宫颈和子宫呈充血状态，腺体分泌活动增强，流出黏液，子宫颈管松弛，卵巢上卵泡发育很快。母牛发情持续时间比较短，奶牛、黄牛一般为1～2天（平均为17小时），水牛一般为1～3天。发情持续时间的长短除受品种因素影响外，还受气候、营养状况等因素的影响。一般是夏季较短，温暖季节比寒冷季节短，营养状况差的比营养状况好的短。例如，牧区饲养的母牛在饲料不足时发情持续期要比农区饲养的母牛短。

3）发情后期。此期母牛从性兴奋状态转变为安静，没有发情表现。雌激素水平降低，子宫颈管逐渐收缩，腺体分泌活动逐渐减弱，子宫内膜逐渐增厚，排卵后的卵巢上形成红体，后转变为黄体，孕酮（黄体酮）的分泌逐渐增加，该时期约有90%育成母牛和50%经产母牛从阴道流出少量的血，说明母牛在2～4天前发情，如果失配，可在16～19天后注意观察其发情表现。发情后期一般为3～4天。

4）间情期（休情期）。母牛发情结束后生理状态相对静止稳定的一段时期为间情期。间情早期，卵巢上的黄体分泌大量孕酮，间情后期黄体逐渐萎缩，卵泡开始发育。休情期的长短，常常决定发情周期的长短。间情期一般为11～15天。

（2）母牛发情周期的特点

1）发情持续时间短。母牛的发情周期虽然和马、驴、猪、山羊等家畜一样，大致为21天，但发情持续的时间较短，平均为17小时，最短的只有6小时，最长的也只有36小时。

2）安静发情多发。有些进入发情期的母牛，卵巢上虽然有成熟卵泡，也能正常排卵、妊娠，但其外部发情表现却很微弱，甚至无发情表现，因此，安静发情的母牛易发生漏配现象。

3）产后第一次发情时间较迟。母牛产后第一次发情时间出现较迟，肉牛多在产后40～104天，黄牛多在产后58～83天，奶牛多在产后30～72天。带犊哺乳、营养、季节等是影响母牛产后发情迟早的主要因素。

4）发情结束后生殖道排血。母牛发情结束后，由于血中雌激素的浓度急剧降低，子宫黏膜尤其是子宫阜之间黏膜的微血管发生破裂，血液通过子宫颈、阴道排出体外。

5）子宫颈开张程度小。母牛的子宫颈肌肉特别发达，子宫颈平时完全闭合，发情时稍有开张，但开张程度较猪、马、驴等动物小。子宫颈的这种特点为人工授精及胚胎移植中导管的插入带来一定困难。

三、排卵

排卵是指卵巢表面的成熟卵泡发生破裂，包围有卵丘细胞的卵母细胞随卵泡液排出的过程。一次发情中两侧卵巢排出的卵子数称为排卵数。随着卵泡发育和成熟，卵泡液不断增多，卵泡容积增大并凸起于卵巢表面，但卵泡内渗透压并没有提高。凸出的卵泡壁扩张，卵泡膜血管分布增加、充血，毛细血管通透性增强，血液成分向卵泡腔渗出。

1. 排卵类型

大多数哺乳动物排卵都是周期性的，根据卵巢排卵特点和黄体的功能，哺乳动物的排卵可分为两种类型，即自发排卵和诱发排卵。自发排卵就是指卵泡成熟后不需外界刺激即可排卵和自动形成黄体。诱发排卵是动物经过交配或人为刺激子宫颈才能引起排卵，又称为刺激排卵。无论是自发排卵还是诱发排卵都与促黄体素作用有关，但其作用途径有所不同。诱发排卵必须经过一定条件的刺激，引起神经内分泌反射在排卵前产生促黄体素高峰，促进卵泡成熟和排卵。对于自发排卵的动物，排卵前促黄体素的分泌是周期性的，不取决于交配刺激，是由神经和内分泌系统相互作用激发的。牛属于自发排卵的动物。

2. 排卵时间和排卵部位

排卵是成熟卵泡在促黄体素高峰作用下产生的。从排卵前促黄体素高峰至排卵的间隔时间，因动物种类而异。排卵均发生在发情期的后期或发情结束后。黄牛的排卵时间是发情后 8～12 小时。除卵巢门外，大多数哺乳动物在卵巢表面的任何部位都可发生排卵。

3. 排卵过程

随着卵泡的成熟，卵泡液积聚，卵泡体积变大。排卵前卵泡经历三大变化：卵母细胞细胞质和细胞核成熟；卵丘细胞聚合力松解分离；卵泡外壁变薄、破裂。所有这些变化都是由促黄体素和促卵泡素的释放量骤增并达到一定比例时引起的。

（1）卵母细胞　成熟卵泡的卵丘细胞逐渐分离，只有靠近透明带的卵丘细胞得以保留，围绕卵母细胞形成放射冠。卵丘细胞的分离使卵母细胞从颗粒细胞层中释放出来，卵母细胞与颗粒细胞间的间隙连接解除，卵母细胞恢复减数分裂（核成熟），细胞核破裂，进而进行到第二次减数分裂中期或排出第一极体，这个过程称为细胞核成熟。

（2）颗粒细胞　卵泡中卵母细胞四周有一层菱形或扁平细胞围绕，

在卵泡开始发育、卵细胞成长的同时，周围的菱形细胞变为方形，并由单层增生成多层，因其细胞质内含有颗粒，故称为颗粒细胞。初级卵泡的颗粒细胞为单层，次级卵泡的颗粒细胞增生至多层，成熟卵泡的颗粒细胞展开又变为单层。排卵前卵泡壁的颗粒细胞开始脂肪变性，卵泡液渗入卵丘细胞之间，使卵丘细胞聚合力减弱，并与颗粒细胞层逐渐分离，最后在卵泡顶部处颗粒细胞完全消失。颗粒细胞的胞核大而圆、着色深，细胞的游离面有许多细长凸起伸入放射带的凹陷部。大约在排卵前 2 小时颗粒细胞长出凸起，穿过基底层，为排卵后黄体发育时卵泡膜细胞和血管侵入颗粒细胞层做准备。

（3）卵泡膜细胞　在排卵前数小时，卵泡外膜细胞侵入性水肿及胶原纤维分离，引起卵泡外膜细胞聚合变松，卵泡弹性增加，因而尽管卵泡体积迅速增加，卵泡内的压力却没有任何增加。临近排卵时，卵泡膜的上皮细胞发生退行性变化，并释放出纤维蛋白分解酶，同时活性提高。纤维蛋白分解酶对卵泡膜有分解作用，可使卵泡壁变薄并破裂。

第三节　母牛发情鉴定技术

由于母牛发情时外部表现较明显，发情期短，排卵发生在发情结束后 4～16 小时。因此，在生产实践中多根据外观试情法和直肠检查法来进行发情鉴定。

一、外观试情法

外观试情法是母牛发情鉴定的主要方法。可以从母牛性欲、性兴奋、外阴部变化等方面来观察，也可用试情公牛主动试情，观察其外部发情表现，根据母牛发情的表现可以将发情期分为 3 期。

1. 发情初期

爬跨其他母牛，神态不安，鸣叫数声，但不愿接受其他牛的爬跨。阴唇轻微肿胀，黏膜充血呈粉红色，阴门中流出少量的清水样透明黏液，黏性弱。此后，神情更不安定，放牧时到处乱跑，上槽时乱爬槽，并且食欲减退。

2. 发情中期

追随和爬跨其他母牛，愿意接受其他牛的爬跨，鸣叫不已，黏膜充血潮红，阴唇肿胀明显。阴门中流出大量透明黏液，黏性强，呈粗玻璃

3. 发情后期

不爬跨其他母牛，也拒绝接受其他牛的爬跨，不再鸣叫，黏膜变为浅红色，但有时仍潮红，阴唇肿胀消退，阴门中流出少量半透明或混浊的黏液，黏性减退。

在群体饲养的牛群里，由于发情母牛爬跨其他母牛或接受其他母牛爬跨，因此，发情母牛的背部被毛杂乱并带有粪泥等污染物。根据这一现象，国外有的牛场为了节省人力，采用"发情检出器"来检查发情母牛。方法是在母牛的背腰部放置一个内装药剂的薄塑料管，当发情母牛接受其他母牛爬跨时，药管内的药物被挤出，接触空气后变为红色（或其他颜色），由此发现发情母牛。或者采用结扎输精管的试情公牛，在其前胸涂红颜料或装上带有颜料的标记装置，使其在母牛群中活动，凡经爬跨的发情母牛均可在其臀部留下颜色标记。

在现代化牛群管理系统中，人们还将计算机与计步器有机地结合在一起，应用于牛群的发情鉴定。计步器发情鉴定法：发情母牛每小时步数比未发情母牛高 2~4 倍，将计步器固定在母牛的前肢，可以显示母牛的活动情况；母牛发情后活动频繁，计步器显示的数字会明显增加，其有效性为 60%~100%，此方法比外观试情法更为准确有效，从而有助于鉴定发情母牛。

二、直肠检查法

1. 操作方法和注意事项

（1）操作方法 将牛赶入保定架，用绳绊住牛的两后腿。操作人员穿上工作服，须提前将指甲剪短磨光，然后在手臂上涂润滑剂（肥皂或液状石蜡）。用温水或 2% 来苏儿（煤酚皂溶液）清洗母牛外阴部和肛门。直肠检查的方法：将五指并拢呈锥状，慢慢插入肛门，伸入直肠，然后分数次掏出直肠内的粪便，而后在直肠内将手掌伸开，掌心向下，按压抚摸手心下的组织，在骨盆底部可以摸到一个纵向圆形而质地较硬的棒状物，即子宫颈，沿子宫颈向前可摸到角间沟，角间沟两侧的前下方即左右两个子宫角，子宫角的两旁偏下方，即为椭圆形的卵巢，根据卵巢上卵泡的大小、质地来判断其是否发情、何时排卵。

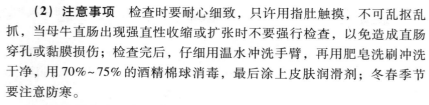

（2）注意事项 检查时要耐心细致，只许用指肚触摸，不可乱抠乱抓，当母牛直肠出现强直性收缩或扩张时不要强行检查，以免造成直肠穿孔或黏膜损伤；检查完后，仔细用温水冲洗手臂，再用肥皂洗刷冲洗干净，用70%～75%的酒精棉球消毒，最后涂上皮肤润滑剂；冬春季节要注意防寒。

2. 母牛的卵泡发育规律

发情母牛的卵巢上可触摸到有直径为0.5～1.5厘米大的卵泡凸出于表面，按卵泡的发育过程可以分为如下几个阶段：

第一期（卵泡出现期）：卵巢稍有增大，触摸时卵泡为一个软化点，波动不明显，这时母牛大多数开始有发情表现，由发情开始算起，卵泡出现为10小时左右。此期为卵泡出现期，不宜输精。

第二期（卵泡发育期）：卵泡发育增大，呈小球状，波动明显，此期的后半段母牛的发情表现已经减弱甚至消失。卵泡发育期输精过早，需要做二次输精。

第三期（卵泡成熟期）：卵泡不再增大，但卵泡壁变薄，紧张性增强，有一触即破的感觉。这一期为6～8小时，此期为卵泡成熟期，是输精适期，此时输精准胎率较高。

第四期（排卵期）：卵泡破裂排卵，由于卵泡液流失，卵泡壁变松软，成为一个小凹陷，排卵时间多在性欲消失以后10～15小时，且多在夜间发生。此期输精已明显太晚。据统计，在排卵前0～12小时一次输精，受胎率为76%；而排卵后1小时左右一次输精，受胎率为65%。

排卵后6～8小时，摸不到凹陷，而是一块柔软组织，这是由于黄体开始形成，故称为四期之外的黄体生成期。

第四节 人工授精技术

牛的配种方式分本交（自然交配）和人工授精两种。除了少部分地区的肉牛生产中使用本交外，人工授精几乎取代了本交，使用越来越普遍。

一、人工授精的意义

1. 大幅度地提高优良种公牛的配种效能

一头种公牛在自然交配状态下，一年可负担40～100头母牛的配种任务；而采用人工授精，一头公牛每年可为上万头甚至数万头母牛配种。

2. 加快牛群改良速度

选择优秀的、具有优良遗传性的种公牛进行配种，是实行育种改良、提高生产力的有效途径。由于人工授精提高了种公牛的配种能力，可以淘汰劣者，选择最优秀的公牛用于配种，从而加快了牛群的改良速度。

3. 防止疾病传播

在自然交配时，公、母牛生殖器官直接接触，很容易传播传染病，如布鲁氏菌病、阴道滴虫病、传染性阴道炎等；而采用人工授精技术可以进行严格消毒，避免生殖器官直接接触，防止这些疾病的传播。

4. 可以提高配种受胎率

在公牛方面，由于每次采精都要做精液品质检查，可以及时分析精液品质变化的原因，从而能够及时采取措施，不断地提高精液质量；在母牛方面，每次人工授精都要进行发情鉴定，检查生殖器官，因此，可及早发现阴道炎、子宫内膜炎及卵巢囊肿等疾病，及时治疗。对子宫颈外口歪斜和子宫外口过紧的母牛，也可通过输精的方法使其受精。

5. 可以节约公牛的饲养管理费用

因为人工授精需要的公牛较少，所以饲养管理费用也相应较少。

二、人工授精技术程序

人工授精技术的基本程序包括采精、精液品质检查、精液稀释及保存、精液运输、精液解冻与检查、输精等环节。以下介绍重点环节的内容。

1. 采精

（1）采精前的准备

1）采精场地的准备。不要随意变换采精场地以使种公牛建立稳固的条件反射。最好在采精室内进行，场地要求宽敞、平坦、安静、清洁。如果没有采精室，室外采精场地要注意地势平坦干燥、避风、安静，周围有围墙。场内要设有采精架以保定台畜或设立假台畜，供公牛爬跨进行采精。采精场地应与精液处理室相连。

2）假阴道的准备。假阴道是一个圆筒状结构，主要由外壳、内胎、集精杯及附件构成。外壳由硬橡胶制成，带有一个可开关的小孔，可由此注入温水和吹入空气，内胎为柔软而富有弹性的橡胶制成，装在外壳内，构成假阴道内壁。集精杯由棕色玻璃或橡胶制成，装在假阴道的一端。此外，还有固定集精杯用的外套、固定内胎用的胶圈、连接集精杯用的橡胶漏斗、充气调压用的气卡等。采精前假阴道和集精杯等应充分洗涤和消毒。采精时注意保持假阴道的温度在 39℃ 左右，保持一定的压力，并涂适量消毒凡士林以增加润滑度，采精杯温度保持在 34~35℃，防止温度变化影响精子的成活率。

3）台牛的准备。台牛的选择要尽量满足种公牛的要求，可利用活台牛或假台牛进行采精。要求活台牛性情温驯、体壮、大小适中、健康无病。采精前，将台牛保定在采精架内，对其后躯特别是尾根、外阴、肛门等部位进行清洗、擦干，保持清洁。选择假台牛采精简单方便且安全可靠，假台牛可用木材或金属材料等制成，要求大小适宜、坚固稳定、表面柔软干净，模仿母牛的轮廓或外面披一张牛皮即可。

4）种公牛的准备和调教。公牛在采精前的性准备充分与否，直接影响到精液采集量、精子成活率和精子密度等因素。利用空爬跨和诱情的方法可促使公牛有充分的性兴奋和性欲，尤其对性欲迟钝的公牛要采取改换台牛、变换位置及观摩其他公牛爬跨等方法增强其性欲。在调教公牛的过程中，一定要反复进行训练，耐心诱导，切勿逼迫、抽打、恐吓公牛等，以免引起调教困难。第一次采精成功后，要经过几次反复，并注意在非配种季节也要定期采精，从而巩固公牛建立的条件反射。

（2）采精操作　采精时，采精员位于台牛右后侧，右手握住假阴道、集精杯，集精杯一端向上。公牛开始爬跨后，使假阴道与公牛阴茎方向成一直线，将阴茎导入假阴道内，公牛的后躯向前冲即射精，随后将假阴道、集精杯向下倾斜，以使精液完全流入集精杯内。当牛爬下时，将假阴道随着阴茎的变化逐渐后移，打开外筒的开关，放出空气；待阴茎自然脱落后，迅速取下假阴道，将精液立刻送入处理室。

在生产中，成年公牛一般每周采精 2 次；如需 1 天采精 2 次，2 次之间应间隔 0.5 小时以上；也可以每周采精 3 次或每天采精 1 次。

2. 精液品质检查

精液品质检查的主要目的在于鉴定精液品质的优劣，同时也为精液稀释、分装、保存和运输提供依据。主要检查项目有精液的色泽、精液量、精子活力、精子密度、pH、精子畸形率、顶体完整率等。

3. 精液稀释及保存

(1) 新鲜精液的稀释及保存 新鲜精液的稀释和保存以扩大精液量、增加配种头数为目的。将采集的新鲜精液立即用简单的等渗糖类溶液、奶类或生理盐水作为稀释液稀释，但为了较长时间保存牛的新鲜精液，需配制牛的精液稀释保存液。稀释保存液的主要成分为枸橼酸钠、卵黄和抗生素等。

(2) 冷冻精液的稀释及保存 用于精液冷冻保存的稀释液成分较为复杂，有糖类、卵黄，还有甘油或二甲基亚砜等抗冻剂等。购买市面上出售的冷冻精液稀释液效果更好。精液的稀释分两步进行，第一步是预稀释，稀释液的量是精液量的 3~4 倍，稀释液不含甘油，将稀释后的精液放置 1~1.5 小时，使温度降到 4~5℃，再用含甘油的稀释液在同温度下做等量的第二次稀释。

根据原精液的成活率、精子密度、每个输精剂量所含有的有效精子数等指标来计算稀释倍数。一般每个输精剂量的有效精子数为 1000 万个，受精力高的公牛可减少到 700 万~800 万个，而受精力稍差的公牛可增加到 1500 万个。

冷冻精液的冷源现在多用液氮。冷冻方式多为细管冻精，制备时一般要有冷冻精液专用的细管分装机，按照分装机操作程序进行分装、冷冻，最后放入液氮罐中贮存。

4. 输精

输精是把一定量的合格精液，适时而准确地输入发情母牛生殖道内的一定部位，使其妊娠的操作技术。这是人工授精技术的最后一个重要环节，是确保获得较高受胎率的关键。

输精前一般要进行四方面的准备工作：①经过发情鉴定确定要配种的母牛，在输精前应进行适当的保定并进行外阴部的擦洗和消毒；②各种输精用具在使用前必须彻底清洗、消毒，再用稀释液冲洗；③用于输精的精液必须符合输精所要求的输精剂量、精子成活率等级及有效精子数；④输精人员要身穿工作服，指甲剪短磨光，清洗消毒手，采用直肠把握输精时，应戴长臂手套并涂润滑剂。

输精剂量和输入有效精子数，应根据母牛年龄、胎次、子宫大小等生理状况及精液类型确定。体形大、经产、产后配种和子宫松弛的母牛，应适当增加输精量，液态保存精液的输精量一般比冷冻保存的精液量多。对于超数排卵处理的母牛应比一般配种母牛的输精量和有效精子数有所增加。母牛在早上接受爬跨，可于当天下午输精，第二天早晨仍接受爬跨则应再输一次；如果母牛在下午或傍晚接受爬跨，可于第二天早上输精。一般间隔 8~10 小时进行第二次输精。

第五节 妊娠诊断技术

妊娠诊断的目的是了解家畜配种之后妊娠与否及妊娠时间。通过诊断确定母牛已经妊娠，就应该改善妊娠母牛的饲养管理，注意合理使役，保证胎儿的正常发育和母牛的健康，以避免流产。如果没有妊娠，则应密切注意其下一次的发情，抓紧授精工作或查找其未妊娠的原因，采取相应的措施，以减少空怀。

妊娠诊断的直接证据为有胎动、胎心音及触摸到胎儿等。观察母牛生殖器官变化，发情周期的中断，血液、乳及尿液中生殖激素浓度的变化等也可以确定是否妊娠。在妊娠过程中，母牛生殖器官、全身新陈代谢和内分泌等都发生变化，而且这些变化在妊娠的各个阶段具有不同的特点。

妊娠诊断不但要准确，而且要在早期进行。否则，有的母牛虽没有妊娠，但又不返情，经过较长时间后才发现其没有妊娠，空怀的时间就是经济损失。而在兽医临床上，确定患病母牛是否妊娠，对于建立诊断、分析病因、选择疗法也很重要。

寻找简便而有效的妊娠诊断方法，尤其是早期妊娠诊断方法成为世界各国长期以来共同探索的问题。妊娠诊断可以减少失配次数及胚胎早期死亡，尽早发现空怀母牛，缩短产犊间隔时间等，对于提高繁殖率有十分重要的意义。

母牛的早期妊娠诊断是减少空怀和提高繁殖率的重要措施。根据妊娠期间母牛的生理变化和外在表现，母牛的妊娠诊断可以采用外部观察、阴道检查、直肠检查、孕酮水平测定和超声波诊断等多种方法，其中，直肠检查法是母牛妊娠诊断中最基本、最可靠的方法。

一、外部观察法

母牛妊娠以后最突出的表现就是在配种后 3 周左右不再发情，性情变得安静温驯，食欲增加。根据上述变化可以粗略地判断母牛是否发情，但这种方法的准确性较差，常作为早期妊娠诊断的辅助方法。

二、阴道检查法

通过开张器进行阴道检查可以看到妊娠 1 个月的母牛的阴道黏膜和子宫颈苍白而无光泽，子宫颈口闭合，偏到一边，被灰暗的子宫颈栓堵塞。而未妊娠的母牛阴道和子宫颈黏膜呈粉红色，具有光泽。这种方法的准确性较差，仅作为早期妊娠诊断的参考。

三、直肠检查法

1. 基本方法

先找子宫颈，再将中指向前滑动寻找角间沟，然后再把手向下方移动，慢慢握着子宫角，分别触摸两侧子宫角，经产母牛体躯较大时，子宫角多垂入腹腔，不易摸到。遇到这种情况，可握着子宫颈向上向后提拉，然后将手向前移，再触摸子宫角。

触诊子宫角之后，在子宫角尖端外侧或下侧找到卵巢，检查完一侧卵巢后不必换手，可再检查另一侧卵巢，妊娠母牛的卵巢上有凸出的黄体。若被检查母牛已妊娠 2～3 个月以上，直接寻找子宫颈有困难，而且角间沟或两侧子宫角因为膨大已变形时，可直接触摸子宫中动脉、子宫或胎儿。此外，妊娠的中后期，可直接摸到增大的子叶。

2. 不同阶段妊娠的判断方法

（1）妊娠 20 天左右时 胚泡及子宫变化不明显，如果排卵处有黄体，可诊断为妊娠，如果另一个卵巢上有卵泡发育，说明未妊娠。在生产中，以母牛发情配种后 15 天排卵侧的黄体为基准，在配种后 15 天、17 天、19 天、21 天分别进行直肠检查，如果后三次黄体形态与 15 天时相同，可以判定该牛已妊娠。若比 15 天时缩小或消失，则未妊娠。此方法也称为黄体比较法。

（2）妊娠 30 天后 利用子宫形态比较法。妊娠 30 天时，妊侧卵巢增大，妊角变粗，松软、有波动，空角稍有弹性，并有液体波动感。由于牛妊娠 30 天后绒毛膜已扩展到整个子宫腔，胚泡外层的胎膜与子宫角内膜明显分离，因此，可通过直肠直接触摸胎膜作为妊娠诊断的依据。这种方法称为胎膜滑动检查法。具体方法为用手握着妊角的最粗部分，做前后滑动，或用手轻轻捏起子宫壁，然后稍微放松，由于胎水的重量，胎膜下滑，手可感觉到。

（3）妊娠60天时 妊侧卵巢增大并移至耻骨前缘，妊角子宫增大，是空角的二倍，有波动，角间沟已不清，但仍能分辨，可以摸到全部子宫。

（4）妊娠90天时 妊角大如婴儿头，有的大如排球，波动明显，有时可摸到黄豆大的子叶，子宫动脉的根部开始有波动，子宫开始沉入腹腔，但初产牛下沉较晚。

（5）妊娠120天时 子宫已全部沉入腹腔，仅能摸到子宫的背侧，该处的子叶大小如蚕豆，妊角子宫中动脉清楚。

（6）妊娠大于120天时 子宫继续膨大，沉入腹腔并抵达胸骨区，子叶大如核桃、鸡蛋，子宫动脉粗如拇指。寻找子宫动脉的方法为手伸入直肠，手心向上贴着椎体向前移动，先找到髂内动脉，在左右髂内动脉的根部各分出一支子宫动脉。

四、血或乳中孕酮水平测定法

母牛妊娠后，由于妊娠黄体的存在，在下一个情期到来的阶段，其血中和乳中孕酮含量明显高于未妊娠母牛，此时测定血液或乳中孕酮含量，可以进行妊娠诊断，准确率可达80%～95%。但由于这种方法需要昂贵的设备，且从采样至得到结果需要几天时间，所以很难在生产中推广。

五、超声波诊断法

这是利用超声波的物理特性，即其在传播过程中遇到母牛子宫不同组织结构出现不同的反射，来探知胚胎的存在、胎动、胎儿心音和胎儿脉搏等情况来进行妊娠诊断的方法。使用时需要将探头深入阴道或直肠内，紧贴在子宫或卵巢上进行了探查和影像扫描。虽然有报道称牛配种20天即可进行超声波诊断，但准确的判断要在妊娠60天以上。加之超声波扫描仪的价格昂贵，这种方法目前在国内主要应用于科研。

第六节 母牛接产及产后护理

经过一定时间的妊娠后，胎儿发育成熟，母牛将胎儿及附属膜从子宫排出体外的过程称为分娩。

一、分娩预兆

母牛分娩前乳房迅速发育膨大，腺体充实，乳头中因充满初乳而膨胀，乳头表面有蜡状光泽，临产前一周有的滴出初乳。临产前阴唇逐渐松弛变软、水肿，皮肤上的皱襞展平。阴道黏膜潮红，子宫颈肿胀、松软，子宫颈栓溶化变成半透明状黏液，排出阴门。骨盆韧带柔软、松弛，耻骨缝隙扩大，尾根两侧凹陷，以适于胎儿通过。在行动上母牛表现为活动困难，起立不安，尾高举，回顾腹部，常做排尿状，食欲减退或废绝。

二、牛分娩的特点

母牛在分娩过程中，由于产道、胎儿及胎盘结构的特点，因而表现出如下特点。

1. 产程长，容易发生难产

原因主要包括以下3方面：①牛的骨盆构造复杂，骨盆轴呈S状折线。②胎儿部分较大，胎儿的头部、肩部及臀围均较其他家畜大，特别是头部额宽，是胎儿最难排出的部分。肉牛初产母牛的难产率较高，产公犊的难产率也较高，原因是犊牛个体大。③母牛分娩时阵缩及努责较弱。

2. 胎衣排出期长，易发生滞留

牛的胎盘属于上皮绒毛膜与结缔组织绒毛膜混合型胎盘，且胎儿胎盘包被着母体胎盘，因而子宫肌的收缩不能促进母体胎盘和胎儿胎盘的分离，只有在母体胎盘的肿胀消退后，胎儿胎盘的绒毛才有可能从母体胎盘上脱落下来。因此，牛胎衣排出时间较长，为2~8小时；如果超过12小时胎衣不下，则应向子宫灌注药物进行治疗。

3. 人工饲养环境因素影响分娩

牛在野生状态下分娩是无人工干预的，它通常选择一个安静、避风的环境里产出胎儿，舔干犊牛被毛并进行哺乳喂养。但在人工饲养管理条件下，环境的干扰因素增加，影响牛的自然分娩，导致出现难产的情

况较多，因此，对分娩过程加强监护是必要的。如果分娩过程正常，可以待自然产出或稍做正确的帮助，以减少母体的体力消耗。在发现分娩异常时，及时给予必要的助产矫正，有利于犊牛的产出和母牛的安全。如果助产不当则极易引发一系列的产科疾病。

三、产前准备

1. 产房的准备

为了分娩的安全，应设立专用的产房和分娩栏，产房要求清洁、干燥、阳光充足、通风良好，还应宽敞，便于助产操作。产房的墙壁、地面要平整，以便于消毒。产房的褥草不可切得过短，以免犊牛误食而卡入气管。临产母牛应在预产期前一周左右进入产房，随时注意观察其分娩预兆。

2. 助产用药品和器械等的准备

产房内应备有助产药品及器械，如酒精、碘酊、来苏儿、新洁尔灭、催产素、细线绳、剪刀、产科绳、手电筒、手套、手术刀、肥皂、毛巾、塑料布、药棉、纱布、镊子、针头、注射器、搪瓷盆、胶鞋、工作服及其他的常用手术器械、工具。

3. 助产人员的准备

产房内应有固定的助产人员，并受过专业助产训练，熟悉母牛分娩的生理规律，能遵守助产的操作规程及必要的值班制度。助产者要穿工作服、剪指甲，手、工具和产科器械都要严格消毒，以防将病菌带入子宫内，造成生殖系统的疾病。

四、正常分娩母牛的助产

正常分娩母牛的助产又称为接产，一般情况下不需要干预，助产人员的主要任务是监视母牛的分娩情况，发现问题时给母牛必要的辅助并及时护理犊牛。重点做好以下工作。

1. 产前清洁

母牛临产前先用温开水清洗外阴部、肛门、尾根及后躯，然后用70%酒精、1%来苏儿或0.1%高锰酸钾消毒。用绷带将牛尾根缠好拉向一侧系于颈部。接产人员应穿好工作服，对手臂进行消毒，防止人身伤害和人畜共患病的感染。

2. 接产

助产工作应该在严格遵守操作规程的原则下，按照以下方法步骤进行，以保证犊牛顺利产出和母牛安全。当发现子宫颈开张，胎水已排出，但无力将胎儿排出时，尤其是胎儿已经死亡时，要设法将胎儿拉出；如果娩出动力过强（多见于初产母牛），阵缩、努责频繁而强烈，间歇时间短，这时应将母牛后躯抬高或令母牛站立，让其缓慢走动；当胎儿的前置部分进入产道时，助产人员应检查胎儿的胎向、胎位和胎势，以便及早发现不正常现象并及时矫正，以免胎儿挤入骨盆太深而难以矫正；当胎头露出阴门外时，如果覆盖有羊膜，需要撕破并及时清除，擦净胎儿鼻孔内的黏液，以利于呼吸，防止胎儿因窒息而死亡，但也不能过早撕破羊膜，以免胎水流失过早，以致娩出胎儿过程中产道干涩，影响分娩；胎儿头部通过阴门时，如果阴唇及阴门非常紧张，可用两手拉开阴门并下压胎头，使阴门的横径扩大，促使胎头顺利通过，以免造成会阴和阴唇撕裂。

3. 胎儿牵拉时应遵循的原则

一是胎儿姿势必须正常。异常姿势必须矫正后再进行牵拉。二是配合母牛努责牵引，这样比较省力，而且也符合阵缩的生理特点。三是按照骨盆轴的方向牵拉，即向后上方牵拉。四是防止子宫内翻或脱出。当胎儿臀部将要拉出时，轻缓用力，以免造成子宫内翻或脱出。五是防止脐带断在脐孔内。胎儿腹部通过阴门时，应将手伸到胎儿腹下握着脐带，和胎儿同时牵拉，以免脐带断在脐孔内。六是尽量缩小肩宽横径。当胎儿肩部通过骨盆入口时，因横径大阻力也大，此时应注意不要同时牵拉两前肢，应该是先拉一条腿，再拉另一条腿，交替牵拉，缩小肩宽横径，这样就容易拉出胎儿。

4. 犊牛的护理

犊牛出生后立即做如下处理：一是保证呼吸畅通。胎儿产出后，应立即擦净口腔和鼻孔的黏液，并观察呼吸是否正常。若无呼吸应立即用草秆刺激鼻黏膜或将氨水棉球放在鼻孔上，以诱发犊牛的呼吸反射。必要时可将胶管插入鼻腔及气管内，吸出黏液及羊水。还可进行人工呼吸。二是处理脐带。向胎儿方向捋动脐中血液，然后将脐带扯断，或以细线在距脐孔 3 厘米处结扎，向下隔 3 厘米再打一线结，在两结之间涂以碘酊后，用消毒剪剪断，然后再涂以碘酊。三是擦干犊牛体表。犊牛出生后应迅速将身上的羊水擦干，也可让母牛舔干。母牛因此食入羊水，能增强子宫的收缩，有利于胎膜的排出。四是尽早吮食初乳。待体表被毛干燥后，犊牛试图站立，此时可帮助其吮乳。吮乳前先从乳头内挤出少量初乳，擦净乳头，令犊牛自行吮乳。一些初产母牛因母性不强，应辅助犊牛吮乳。哺喂初乳十分重要，因为初乳是新生犊牛获得抗体的唯一来源，摄取初乳中的大量抗体，可以增加犊牛抵抗力。初乳还有轻泻作用，有利于胎粪的排出。五是检查排出的胎衣。胎衣排出后，应检查是否已完全排出来，并注意将排出的胎衣及时从产房移出。

5. 犊牛的抢救

如果犊牛无呼吸、有心跳，应立即抢救。可以将犊牛两后肢提起使头向下，轻拍胸壁，然后用纱布擦净口中或鼻腔的黏液，也可以将胶管插入犊牛鼻孔或气管用注射器吸出；还可以通过插入气管的胶管，每隔数秒钟吹气一次，但吹气的力量不可过大，以防损坏肺泡；也可以有节律地按压犊牛腹部，使胸腔交替扩张和缩小，耐心地进行人工呼吸，有条件时可进行输氧。

第七节　产后母牛诱导发情技术

诱导产后母牛及早发情可以提高母牛产犊率，缩短产犊间隔。

一、产后不发情原因分析

1. 缺乏营养

部分养牛户为减少饲养成本，只供给较少的饲料，如干奶期不饲喂精饲料，哺乳期每天只饲喂 4 千克精饲料，或者只饲喂天然草场的干草，母牛在产前、产后摄取能量较少，导致膘情过差，在哺乳期容易发生能量负平衡，促使卵泡发育缓慢，容易出现静止发情。饲喂来源不固定的配合精饲料，品质无法保持稳定，随意饲喂，频繁发生断顿的现象，既会导致机体摄取的能量、蛋白质少，又会导致维生素、微量元素和矿物质缺乏，无法满足机体所需的各种营养，造成体质消瘦，体况变差，造成卵泡发育缓慢或者阻碍卵泡发育。

2. 环境条件恶劣

在气候寒冷的地区，母牛的繁殖机能会在一定程度上受到环境的抑制，尤其是母牛在 8～10 月生产，之后光照时间较短且温度逐渐降低，也易导致机体出现产后不发情，影响正常的繁殖。

3. 疾病因素

母牛患有寄生虫病、蹄病、代谢疾病及其他慢性消耗性疾病，导致体质变差，或者患有子宫疾病，如子宫内膜炎、胎儿干尸化、子宫积脓、子宫肌瘤等，导致子宫内膜无法产生足够的前列腺素，从而不能自发地将周期性的黄体及时溶解，引起不发情。

二、诱导发情技术

1. 孕激素阴道栓法

现代生产中广泛采用的阴道栓剂有两种，一种为孕激素阴道装置（PRID），另一种为内控药物释放装置（CIDR）。PRID 和 CIDR 中间为硬塑料弹簧片，弹簧片外包被着发泡的硅橡胶，硅橡胶的微孔中有孕激素，栓的前端有一个速溶胶囊，内含一些孕激素与雌激素的混合物，后端系有尼龙绳。

使用时，用特制的放置器将阴道栓放入阴道内，先将阴道栓收小，放入放置器内，将放置器推入阴道内顶出阴道栓，退出放置器即完成（图 4-3）。处理结束时，扯动尼龙绳即可将阴道栓回收。大多数母牛可在去栓后第 2～4 天发情。如果定时一次输精，一般在处理结束后 56 小时进行，也可从处理结束后第 2～4 天，加强发情观察，对发情者适时输精，受胎率会更高，在预期返情的时期内，也应加强发情观察，对返情者及时补配，确保获得较高的总受胎率。

图 4-3　放置阴道栓

孕激素阴道栓法不适用于水牛。因为阴道栓放置后，要在外阴部露出一小段引线，而水牛喜欢泡水，污水会延此引线进入阴道而造成阴道感染。

2. PG 一次注射法

前列腺素（PG）肌内注射是最简便的诱导发情方法。$PGF_{2\alpha}$ 的用量为 20~30 毫克（以 25 毫克最常用），PGc 的用量为 400~800 微克，依母牛的个体大小而定。通常奶牛用 800 微克，水牛用 600 微克，黄牛用 400~600 微克。

3. PG 两次用药法

PG 对牛和水牛排卵后 5 天以内的黄体无溶解作用。一次处理仅有 70% 的母牛有反应，因此发展了间隔 11~12 天两次用药的方法，第二次用药的量与第一次相同。

间隔 11~12 天两次处理有两种方法，一种是第一次处理后全部不输精，第二次处理后才定时输精；另一种方法是第一次处理后观察母牛的发情，发情者适时输精，不发情者于第一次处理后 11~12 天再次进行 PG 处理。第一种方法是省去了发情观察，但至少有 60%~70% 的母牛多用一次药，造成一定的浪费，且这些牛多损失 11~12 天的饲养费用。第二种方法是由人观察、鉴定发情母牛，节约药品和饲养费用。实践表明，PG 给药的途径以子宫内给药效果较好，南方黄牛 PGc 的子宫内给药量为 400~500 微克，水牛为 600~700 微克。

4. PG 结合孕激素处理法

目前采用的孕激素短期处理和 PG 一次注射法，母牛的发情率均较低，因而又发展了孕激素结合 PG 的处理方法。该法是先用孕激素处理 7 天，结束处理时肌内注射 PG。经过 7 天的孕激素处理，处于排卵后 5 天内的母牛的黄体已经发育至少 5 天，已对 PG 敏感，因而处理结束后有较高的发情率，配种后有较高的受胎率。

第八节　繁殖管理

繁殖管理就是为实现目标而从群体和较长时期角度探讨并提高牛群繁殖力的理论与方法。

一、繁殖力指标

繁殖力是指肉牛维持生殖机能、繁衍后代的能力。它是一个综合性状，可以反映肉牛生殖活动的各个环节、后代增殖效率和繁殖管理水平。评定肉牛繁殖力的指标很多，不同肉牛种类或同种肉牛不同性别和不同经济用途，评定指标也有差异。在个体生殖机能方面，公牛繁殖力主要体现在性成熟早晚、性欲强弱、交配能力、精液质量和数量；母牛繁殖力主要体现在性成熟早晚、发情排卵状况、配种受胎状况、胚胎发育状况、分娩状况、泌乳能力等。只有保持肉牛个体生殖活动各环节机能正常，才能进行有效繁殖，实现较高的繁殖效率。评定繁殖管理和后代增殖效率的繁殖力指标可以更直接地反映肉牛群体的生产能力。

1. 受胎率与配种指数

受胎率以受配率为基础，在定义受胎率之前，应了解受配率。受配率是指一定时期内参与配种的母牛占能繁母牛的百分比。可用如下公式表示：

$$受配率 = 配种母牛数 \div 能繁母牛数 \times 100\%$$

受配率可反映牛群的生殖能力和管理水平，如果牛群中患生殖器官疾病、代谢病等导致繁殖障碍的牛数量增多，或发情后未及时配种，则受配率低。

受胎率是配种后妊娠的母牛数与参与配种的母牛数的百分比，主要反映配种质量和母牛的繁殖机能。一般受胎率多指总受胎率，但由于母牛群的配种在一个情期内很难完成，需要经过多个情期。所以，受胎率可详细分为第一情期受胎率、第二情期受胎率等和情期平均受胎率，公式表示如下：

$$受胎率（总受胎率）= 妊娠母牛数 \div 配种母牛数 \times 100\%$$
$$第一情期受胎率 = 第一情期配种妊娠母牛数 \div$$
$$第一情期配种母牛数 \times 100\%$$
$$第二情期受胎率 = 第二情期配种妊娠母牛数 \div$$
$$第二情期配种母牛数 \times 100\%$$
$$情期平均受胎率 = 妊娠母牛数 \div 配种情期数 \times 100\%$$

计算受胎率指标，必须对母牛进行妊娠检查，确定其是否妊娠。有经验的配种员在配种后 2 个月开始进行妊娠检查，但为了提高准确率，降低流产风险，通常在 3 个月时进行妊娠检查。妊娠检查需要由繁殖工作经验丰富的技术人员完成。

未返情率是指配种后一定时期内不再发情的母牛占配种母牛数的百分比。由于不是所有配种后未妊娠的母牛在下一个情期都有发情表现，未返情率往往高于受胎率。发情排卵机能正常的牛群，一般配种后三个情期内的未返情率接近受胎率。

配种指数又称受胎指数，是参与配种的母牛每次妊娠的平均配种情期数。一般配种指数多指总配种指数，可用如下公式表示：

　　　　配种指数（总配种指数）＝总配种情期数÷妊娠母牛数

由公式可见，配种指数是情期受胎率的倒数。配种指数能更直观地反映牛群的配种管理水平。

2. 繁殖率与成活率

繁殖率一般指年繁殖率，即本年度内出生的犊牛数占上年度末能繁母牛数的百分比，可用如下公式表示：

　　　　繁殖率（年繁殖率）＝出生的犊牛数÷能繁母牛数×100%

成活率通常是指哺乳期成活率或年成活率。

哺乳期成活率即断奶时的成活犊牛数占出生活犊牛数的百分比。

年成活率是指本年度内出生并存活的犊牛数占年内出生活犊牛数的百分比。

繁殖成活率是指年内出生的年末成活犊牛数占上年度末能繁母牛数的百分比。

繁殖成活率用以评定牛群后代增殖的最终效率。

3. 胎间距

胎间距也称产犊间隔，是指相邻的两次产犊日相隔的天数。由于牛是单胎动物，产犊间隔是评定其繁殖力的一项直观、有效的评定指标，通常以月为单位。

因品种、地区和饲养管理方式不同，母牛的产犊间隔差异很大，短则 11 ~ 13 个月，长则 18 ~ 20 个月。多年来，随着母牛饲养条件的改善和品种改良，母牛的产犊间隔大大缩短。

日粮营养水平、断奶时间及使役程度等外部因素是影响产犊间隔的主要因素，其中犊牛尽早补饲、尽早断奶是缩短产犊间隔的有效方法。

二、繁殖利用和日常管理

1. 种公牛的繁殖利用和日常管理

（1）适龄采精及合理调教 种公牛应在性成熟后体重达到成年公牛体重的 70% 左右时进行初次采精。一般情况下，纯种黄牛种公牛的开始采精适宜时间为 18～24 月龄。种公牛在正式采精之前要有一段试采期。试采期一般为 6 个月，试采期间每周采精一次。试采期间要加强对小公牛的调教，防止采精过度影响公牛身体发育。

（2）采精频率适当 合理安排种公牛的采精频率，对维持其正常性机能，保持种用体况，延长使用年限，并最大限度地提高精液产量和质量具有重要意义。科学地确定种公牛的采精频率应以新鲜精液的密度为重要参考指标，即当新鲜精液的密度大于 7 亿个/毫升，可以继续采精；当新鲜精液的密度小于 7 亿个/毫升，应减少或停止采精。另外，在高温季节，种公牛精液质量明显下降时不应停止采精，安排每周采精一次，以刺激睾丸内精子的生成。

（3）规范采精和冻精生产操作和管理 采精场所和器材的设计、选材、准备及使用维护都与保持种公牛健康和正常的生殖机能有密切关系。采精厅应宽敞、明亮、平坦、安静、清洁，冬暖夏凉；采精架应坚实牢固，设计尺寸合理；采精垫应防滑、弹性好，便于清洗；假阴道的温度、压力和润滑度适宜，是保证公牛采精的关键条件；对采精场所、器械及牛体（尤其是包皮）进行严格地清洁消毒，减少公牛繁殖疾病的发生，降低精液的细菌数，避免病原通过采精和配种繁殖环节传播。

采精前，让公牛有充分的性准备。对于性欲低的公牛可采取空爬台牛、被其他公牛爬跨、更换台牛、观摩、按摩、改变采精环境，让饲养员牵引台牛在前面走动，待采公牛在后面跟随走动等措施，提高公牛性欲。

采精人员的操作直接关系到种公牛的精液产量和使用寿命。采精员要严格遵守操作规程，做到胆大心细，动作熟练、迅速而准确。

采用先进的精液冷冻工艺。精液品质鉴定，稀释液配制，精液平衡、灌装、冷冻和保存，冻精生产中任何一个环节操作不当或失误都会对精子造成致命的伤害，影响人工授精的受胎率。

（4）创造适宜的环境条件 温度、光照和湿度对种公牛繁殖力有重要影响。热应激可造成种公牛性欲不足，精液品质下降。夏季，牛舍可以采用安装水帘、舍内喷雾、遮阳、加强通风、调整饲喂和采精时间、供给清凉饮水等措施降低热应激的不良影响。冬季应增加光照时间，保持牛舍空气新鲜、湿度适宜等。总之，为种公牛休息、采食和采精提供一个舒适的环境，是提高繁殖力的前提条件。

2. 母牛的繁殖利用和日常管理

（1）适龄初配 育成母牛过早或过晚配种都会影响其终生繁殖力，肉牛性成熟年龄为 14～18 月龄。

（2）注重发情观察，把握正确的输精时机 发情观察是做好牛群繁殖管理的关键性工作，规模繁殖牛场必须安排专人，每天至少早晚两次观察母牛发情情况，并做好记录。人工授精员通过对母牛进行观察和直肠检查，确定适宜的输精时间。母牛的输精时间一般在发情结束后 2～3 小时或发情开始后的 18～24 小时，直肠检查发现有较大波动的囊状卵泡时进行第一次输精，8～10 小时后进行第二次输精。在生产实践中，常常采取早上发情，当天下午输精；下午发情，第二天早上输精的做法。

还要做好配种记录，详细记录配种母牛输精时间和精液品种、牛号，并在之后临近第 18 天（下一个发情期）的几天里，仔细观察其是否返情，对未受胎母牛及时补配。

（3）严格执行人工输精操作规程 正确的输精操作是成功受胎的关键。首先，人工授精员要做好输精枪、牛外阴及输精人员本身的清洁和消毒。其次，在 38～40℃、避光、清洁的条件下，在十几秒钟内完成冷冻精液的解冻和装枪。最后，将精液注入母牛排卵卵巢同侧的子宫角，进行深部输精，输精动作要注意慢插、轻注、缓出，防止精液逆流。

（4）加强妊娠前期和围产期母牛管理 加强妊娠前期母牛管理，及时分群，避免母牛跌倒、顶撞、过度使役、采食冰冻或腐败饲料等，最大限度地降低流产风险。对围产期母牛，分娩时应及时助产，对胎衣滞留的母牛及早治疗，同时，帮助犊牛尽早吃到初乳。合理搭配母牛日粮，预防乳腺炎。

（5）犊牛早期补饲，早期断奶 传统的饲养管理方式是犊牛不单独补饲，母牛自由哺乳至泌乳停止。大部分黄牛和杂交牛哺乳期为 4~6 个月，甚至 8~10 个月。这种管理方式严重推迟了母牛产后发情时间，降低了繁殖力。改变这种传统饲养方式，采取犊牛早期补饲、早期断奶的做法是目前提高繁殖力的最有效手段。

另外，对于产期接近、泌乳力强的母牛，可以通过代哺的方式，让一些母牛停止哺乳，提前发情，这样既能降低犊牛的培育成本，又可提高母牛的繁殖力。

第五章 肉牛饲养管理关键技术

第一节 犊牛的饲养管理

犊牛是指出生至 6 月龄的小牛，在此阶段，牛正处于生长发育期。因此，饲养管理对成年体形的形成、采食粗饲料的能力，以及成年后的生产性能都有重要影响。

一、犊牛培育要求

1. 重视胎儿期的营养供给，确保出生犊牛健康

根据妊娠前期和后期胎儿发育的特点，要适当调整母牛围产期各种营养物质的供给量，对于体弱、易出现产后瘫痪的成年母牛，可以在产前一周进行保健输液，以保证胎儿组织器官的正常发育，保证新生犊牛的健壮。实践证明，母牛在泌乳后期和干奶期的饲养好坏，与新生犊牛的生长发育有密切关系，所以必须重视泌乳后期和干奶期的饲养管理。

2. 提供良好的饲喂条件

犊牛培育的好坏，直接影响成年后的体形和生产性能，犊牛的优秀基因和遗传潜力只有在适当条件下才能表现出来。在诸多培育要求中营养与饲料最重要，其次是合理的管理和良好的环境卫生。

3. 增强犊牛免疫力

犊牛出生时免疫系统不完全，只有依靠初乳获得被动免疫。4~6 周后自身免疫系统才逐渐建立。犊牛很容易患各种疾病，如腹泻、肺炎、脐炎等。饲喂不当、畜舍不卫生、管理不到位会使犊牛患病率增加，死亡率升高。通常 2 月龄内犊牛的发病率和死亡率最高，随着年龄的增长，死亡率逐渐降低。死亡率低于 5%，说明犊牛的饲养管理得当，可以增加盈利；死亡率高，则难以保证有足够的后备牛更新。因此，必须及时哺喂犊牛优质、足量的初乳，保证环境卫生，加强护理，适当运动。

二、新生犊牛的饲养管理

新生犊牛的饲养管理重点是保持呼吸畅通，吃足初乳。

1. 清除黏液

当犊牛出生后，首先应清除口鼻的黏液，以免妨碍呼吸造成窒息或死亡。如果已经吸入黏液影响呼吸或假死，应立即将犊牛后肢提起，并拍打其胸部排出黏液，使犊牛恢复正常呼吸，然后用干抹布迅速擦干身体上的黏液，在冬季，这一步至关重要。在北方寒冷地区，可以在产房加装浴霸，减少热量蒸发，保持体温，以免犊牛受凉。犊牛身上其他部位的黏液最好让母牛舔干净，不仅促进犊牛皮肤血液循环，也有利于母牛恶露排出。

2. 断脐带

如果脐带已经断裂，可在断端用 5% 碘酊进行充分消毒；如果脐带未断，先把脐带用力揉搓 1~2 分钟，距腹部 6~7 厘米处用消毒过的剪刀剪断，然后挤出脐带中的黏液并用 5% 碘酊将脐带内外充分消毒，以免发生脐炎，不要包扎脐带断口处。

3. 建立系谱、编号、进行生产性能测定

对新生犊牛按公母分别进行编号，建立新生犊牛系谱。然后给编号的犊牛称体重，记录出生日期、初生重、体高、体斜长、胸围、腹围、管围等相关数据，登记于系谱上。

牛号全部由数字与字母混合组成。通过牛号可直接得到牛所属地区、出生场和出生年代等基本信息，编号具有唯一性，并且长期使用，以保证信息的准确性。具体规则如下：

（1）编号方法　牛号：个体编号为 20 位标示系统，即 3 位国家代码 +1 位性别代码 +2 位品种代码 +14 位个体号码。

1）国家代码。采用 GB/T 2659.1—2022《世界各国和地区及其行政区名称代码　第 1 部分：国家和地区代码》规定的"3 字母代码"，如中国为"CHN"。

2）性别代码。公牛用 F 表示，母牛用 M 表示。

3）品种代码。采用与牛品种名称（英文名称或汉语拼音）有关的两位大写英文字母组成，具体见表 5-1。

表5-1　牛品种代码表

品种	代码	品种	代码	品种	代码
荷斯坦牛	HS	利木赞牛	LM	肉用短角牛	RD
沙西瓦牛	SX	莫累灰牛	MH	夏洛来牛	XL
娟珊牛	JS	抗旱王牛	KH	海福特牛	HF
弗莱维赫牛（德系西门塔尔牛）	FM	辛地红牛	XD	安格斯牛	AG
兼用短角牛	JD	婆罗门牛	PM	复州牛	FZ
草原红牛	CH	丹麦红牛	DM	尼里-拉菲水牛	NL
新疆褐牛	XH	皮埃蒙特牛	PA	比利时兰牛	BL
三河牛	SH	南阳牛	NY	德国黄牛	DH
肉用西门塔尔牛	SM	摩拉水牛	ML	秦川牛	QC
南德文牛	ND	金黄阿奎丹牛	JH	延边牛	YB
蒙贝利亚牛	MB	鲁西黄牛	LX	晋南牛	JN

4）个体号码由14个字符组成，分为4个部分，如图5-1所示。

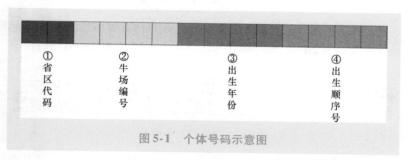

①　　　　②　　　　　③　　　　　　④
省　　　　牛　　　　　出　　　　　　出
区　　　　场　　　　　生　　　　　　生
代　　　　编　　　　　年　　　　　　顺
码　　　　号　　　　　份　　　　　　序
　　　　　　　　　　　　　　　　　　号

图5-1　个体号码示意图

①　省（自治区、直辖市）代码。按照国家行政区划编码确定，由两位数字组成，第一位是国家行政区划的大区号，例如，河北省是"华北"，编码是"1"，第二位是大区内省市号，河北省是"3"。因此，河北省编号是"13"。具体见表5-2。

②　牛场编号占4个字符，由数字或由数字和字母混合组成，该编号在全省（区、市）范围内不重复。

③　牛出生年份为4位数字，例如2017年出生即为"2017"。

④　场内年内牛出生顺序号为4位数字，不足4位的在顺序号前以0

第五章

123

补齐。公牛为奇数号，母牛为偶数号。

表5-2　中国牛各省（市、区）编号表

省（区、市）	编号	省（区、市）	编号	省（区、市）	编号
北京	11	福建	35	西藏	54
天津	12	江西	36	重庆	55
河北	13	山东	37	陕西	61
山西	14	河南	41	甘肃	62
内蒙古	15	湖北	42	青海	63
辽宁	21	湖南	43	宁夏	64
吉林	22	广东	44	新疆	65
黑龙江	23	广西	45	台湾	71
上海	31	海南	46	香港	81
江苏	32	四川	51	澳门	82
浙江	33	贵州	52		
安徽	34	云南	53		

如图5-2所示，河北编号为13，该牛场在河北省编号为A001，该牛出生年度编号为2013，出生顺序号为0001，以上即为其个体号码。

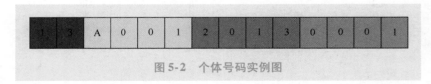

图5-2　个体号码实例图

（2）编号使用

1）在牛档案或系谱上必须使用含品种代码和个体号码的16位标示码（2位品种代码＋14位个体号码）。如果需与其他国家进行比较，要使用20位标示系统，需加入3位国家代码和1位性别代码。

2）16位标示码只出现在档案或系谱上。场内或站内管理可以对编号进行简化，使用后6位个体号码。（2位出生年份＋4位出生顺序号），耳牌佩戴在左耳。如：130001，即为2013年出生的第一头公牛。

3）对在群牛进行登记或填写系谱档案等资料时，如现有牛号与以上规则不符，须按此规则重新编号，并保留新旧编号对照表。牛重新编号后，必须在系谱档案上注明"曾用编号"。

4. 饲喂初乳

初乳是母牛分娩后第一天挤出的浓稠、奶油状、黄色的牛乳，随后4天挤出的牛乳逐渐接近正常乳。初乳中含有丰富的免疫球蛋白，是4~6周龄内犊牛获得抵抗疾病能力的主要途径。初乳中的脂肪、蛋白质、矿物质和维生素含量高，这些对新生犊牛是非常重要的。为了保证每头新生犊牛都能获得足够的优质初乳，可以将本场成年母牛生产的额外初乳冷冻保存，以便饲喂初乳不足的犊牛。

初乳中的抗体犊牛可通过肠壁完整吸收到血液中，犊牛刚出生时对抗体的吸收率可达20%，几小时后，对抗体的吸收率急剧下降，24小时后犊牛不再具有吸收抗体的能力，如果犊牛出生后12小时内没有吃上初乳就很难获得足够的抗体抵抗微生物的感染。因此，及早饲喂初乳是培育犊牛的关键。

犊牛出生后，1小时内必须吃到初乳。第一次饲喂可给1.5~2千克初乳，饲喂量不宜过多，以免引起消化紊乱。出生后6~9小时再次饲喂初乳。以后随着食欲的增加，初乳饲喂量可以增加，达到犊牛体重的8%。没有吃到初乳的犊牛生长发育将受影响。

初乳1天饲喂3次，初乳的温度为35~38℃，温度低会引起犊牛胃肠机能失常，导致腹泻。温度过高，容易引起胃肠炎等，饲喂初乳后1~2小时，犊牛应该饮温开水（35~38℃）一次。饲喂初乳后用毛巾将犊牛嘴擦净，以防形成舐癖。犊牛在哺乳时，用具（如奶壶和奶桶）的卫生很重要，每次用后都要及时清洗，其程序为冷水冲洗→碱性洗涤剂擦洗→温水漂洗干净→晾干→使用85℃以上的热水或蒸汽消毒。

新生犊牛由母亲自然哺乳效果最好，如果犊牛母亲死亡或患有乳腺炎，可饲喂其他健康母牛的初乳，也可采用人工哺乳（使用奶瓶或奶桶饲喂代乳粉）。使用奶桶饲喂时，一只手持桶，另一只手中指及食指浸入口中使犊牛吸吮，当犊牛吸吮指头时，慢慢将桶提高，使犊牛口紧贴初乳面吸吮，习惯后则可将指头从口内拔出，并放于犊牛鼻镜上，如此反复几次，犊牛便会自行哺饮初乳，如果犊牛拒绝吸吮，可用胃管或奶壶进行强制饮喂。

第五章

三、哺乳期犊牛的饲养管理

哺乳期犊牛的饲养管理重点是预防腹泻，促进瘤胃发育。

1. 哺乳期犊牛的饲养

犊牛经过 7 天的初乳期后，即可开始饲喂常乳，进入哺乳期的饲养（图 5-3），哺乳的方法有两种，一种为自然哺乳，另一种为人工哺乳。在生产实践中，肉牛场一般采用自然哺乳。

图 5-3　哺乳期的犊牛

（1）**自然哺乳**　自然哺乳一般分两种方法。一种是犊牛随母吮乳，另一种是利用保姆牛进行哺乳。随母吮乳以前更为常见，可以保证犊牛及时吮乳。若母乳不足，可选健康、产奶量中下等的牛做保姆牛，犊牛和保姆牛分栏饲养，每天定时哺乳 3 次。

（2）**人工哺乳**　人工哺乳是犊牛出生后与其母亲分离，在犊牛舍或犊牛岛集中饲养，由人工辅助进行喂乳。目前，奶牛场均采用人工哺乳，规模化肉牛场、母乳不足的犊牛也多采用此法。采用定时、定量、定温、定人的饲喂原则，避免犊牛受冷风侵袭。通常在给犊牛哺喂初乳 1~3 天后，开始哺喂优质混合常乳，日喂量一般按体重的 10% 计算，每天饲喂 3 次，哺乳的温度以 38~39℃ 为宜。

人工哺乳最重要的是控制好哺乳的温度和饲喂用具的消毒，严格按饲喂程序执行，以免造成犊牛腹泻，甚至引起死亡。若新生犊牛腹泻，

第五章

每次哺乳时可加入一茶匙小苏打（碳酸氢钠）和一茶匙食盐，以补偿因腹泻而失去的电解质，同时给予抗生素治疗，如果发现犊牛有脱水现象，初期可补喂一杯低浓度的葡萄糖、一茶匙食盐、一茶匙小苏打，4～5千克清水。葡萄糖切勿用普通白糖代替，以免使腹泻恶化。若用此方法治疗1～2天后仍不见效，可用电解质合剂（含钾）进行治疗，饲喂50升电解质溶液，一般可以治愈。

肉牛场在不方便购进牛乳时，可以用代乳粉替代牛乳，从而降低犊牛培育成本，促进犊牛早期断奶，有利于提高母牛的繁殖率。代乳粉必须含有丰富的营养，一般蛋白质含量不低于22%，脂肪含量为15%～20%，粗纤维含量不超过1%。此外，代乳粉在饲喂前，应用30～40℃的温开水冲开，保持均匀的悬浮状态，避免发生沉淀现象。总之，在犊牛哺乳期一定给予足够的营养。

（3）及早供给干草和饲料　犊牛12日龄开始出现反刍，应在犊牛出生7～10天后在补饲槽加入干草和颗粒料，使犊牛自由采食，这有利于促进犊牛瘤胃的早期发育和防止舔食异物。随着日龄的增长，母乳的营养已不能够满足犊牛的生长发育，应及时补饲干草、饲料。犊牛随母哺乳期的长短因培育方向、环境条件、饲养条件不同而有差异，肉牛一般可在3～4个月后及时进行断奶，种公牛的犊牛培育哺乳时间可稍长一些。有条件的肉牛场可在补饲槽添加含有矿物质和维生素的舔砖，确保犊牛发育所需的营养元素。

（4）供给充足清洁的饮水　牛乳中的水分不能满足犊牛正常代谢的需要，犊牛出生后保障它们饮到充足的36～38℃温开水；15天后改饮用常温水，30天后可任其自由饮水。

2. 哺乳期犊牛的管理

犊牛7日龄后，可在母牛栏的旁边设置犊牛补饲栏，使母牛与犊牛短期隔开。犊牛栏内要设置食槽、水槽（盆），添加优质干草和精饲料，训练犊牛采食咀嚼，以促进瘤胃和网胃发育。

（1）防治疾病　每天要对犊牛细心观察，注意粪尿、被毛、吃乳、运动、精神等方面是否正常，有异常情况要及时诊断治疗。需要注意的是做好犊牛腹泻的预防。

（2）去角　一般在出生后5～7天进行。去角的方法：先剪去角基部及四周的毛，将凡士林涂抹在犊牛角基部的四周，用固体苛性钠（氢氧化钠）在角基部涂抹、摩擦，直到出血为止，这样可以破坏成角细胞的生长，约 15 天后该处便结痂不再长角。也有的牛场在犊牛出生后 10 天左右用电烙铁将犊牛角根部烙煳，再涂以青霉素软膏。

（3）防寒 在我国北方，冬季寒冷风大，要注意犊牛舍的保暖，也要注意通风，牛舍要用帘子等防风侵入。在犊牛栏内要铺柔软、干燥清洁的垫草（国外有的使用碎木屑垫料），保持舒适的温度和湿度。垫草应勤打扫、勤更换，犊牛舍内地面、围栏、墙壁应保持清洁干燥并定期消毒，同时，犊牛舍内应保证阳光充足、通风良好、空气新鲜，夏季注意防暑，冬季注意保暖。

（4）母仔分栏 犊牛出生后先在靠近产房的单栏中饲养，1 月龄后过渡到群饲栏。同一个群饲栏的犊牛的月龄应一致或相近。

四、断奶犊牛的饲养管理

断奶犊牛的饲养管理重点是稳步度过断奶关。

肉牛的犊牛一般吃到 1.5～2 千克精饲料，并且日增重达到700～850克时，便可断奶，以促进其生长发育，使母牛尽早发情。肉用母牛产奶量一般在产后 2 个月左右开始下降，因此，在更早时间给犊牛补饲草料供其练习采食，有助于犊牛通过消化草料弥补母乳的营养不足。犊牛在 3 月龄时，对草料已具备了相当的采食量和消化能力，断奶也较容易，所以，此时是早期断奶的合适时间。

1. 断奶方法

随着犊牛月龄的增大，逐渐减少每天的哺乳次数，同时增加精饲料的饲喂量，使犊牛在断奶前有较好的过渡，不影响其正常生长发育。在断奶前一周，饲喂牛乳的次数减少到每天 1 次。如果犊牛采食精饲料不足，即使到了断奶时间也要适当延迟断奶。对于生长缓慢、体弱的犊牛需要延长断奶时间。犊牛及时断奶并采食固体饲料，可降低饲养成本，同时也可提高犊牛的生长速度。肉牛的断奶时间一般为 3 月龄，培育后备种公牛时可适当延长至 6 月龄断奶，育肥牛根据条件于 2～4 月龄断奶。

2. 断奶后的管理

断奶犊牛是指从断奶到 6 月龄的犊牛。犊牛断奶后，从单独的犊牛栏转入犊牛群混合饲养，适宜进行小群饲养，将年龄、体重相近的犊牛分为一群（图 5-4）。培育后备种牛应按性别分群。

图 5-4　断奶犊牛的分群管理

（1）保证优质干草的供应　刚断奶时，粗饲料以易消化的优质牧草、青干草为主。投料原则是做到少量多次添加，既要保证犊牛的采食量，也不能造成饲草浪费。

（2）保证优质精饲料的供应　断奶后的犊牛继续饲喂 2 周犊牛料，每头犊牛每天饲喂颗粒料（精饲料）2.5 千克左右，每天饲喂 3 次。

（3）保证干净充足的饮水　在犊牛区设置水槽，每天对水槽进行刷拭，保证犊牛能喝到充足干净的水，冬季绝不能饮用冰碴水，容易引起犊牛消化道疾病。

（4）保证盐和微量元素的供给　在犊牛区设置犊牛舔砖，让其自由舔食，以保证盐和微量元素的供给。设置舔砖处应防雨、防潮。

（5）保持圈舍的干燥清洁　对犊牛区应经常进行清理、打扫，及时清除粪便，并保持圈舍干燥清洁。

（6）做好断奶犊牛的疾病防治　每天观察断奶犊牛的粪尿、运动、精神状态等，做到有病及时发现，及时治疗。定期做好犊牛舍、生产用具的消毒，可有效防止寄生虫、真菌等疾病的传播和发生。在断奶 2 个月后进行预防接种和驱虫工作。为保证免疫效果，断奶犊牛进行首次免疫 10 ～ 15 天后，应进行一次加强免疫，以后按正常的免疫程序接种疫苗可起到预防传染病作用。

第二节　育成母牛的饲养管理

育成母牛是指犊牛断奶至第一次产犊的母牛。育成母牛处在体形、体重增长最快的时期，也是繁殖机能迅速发育并到达性成熟的时期。育成期饲养的目的和重点是使其按时达到理想的体形、体重标准和性成熟，按时配种、受胎，繁殖后代。在全放牧条件下一般 15～20 月龄初配，在较好的舍饲条件下 13～16 月龄初配。

一、育成母牛的饲养

1. 6～12 月龄

这一时期肉牛生理上处于最高生长速度阶段（6～9 月龄），同时性器官及第二性征发育很快，体躯向高度和长度两个方向急剧生长。前胃（瘤胃、网胃和瓣胃）已相当发达，容积扩大 1 倍左右，且继续发育。这一时间要充分利用能多采食青粗饲料的特点，进一步刺激前胃发育，青粗饲料用量控制在体重的 1.2%～2.5%。在良好的饲养管理条件下，日增重可以达到 1100 克以上。除给予优质的青粗饲料外，还必须补充一些适量的精饲料，精饲料占饲料干物质总量的 30%～40%。具体饲喂量以牛体大小和发育情况而定，精饲料饲喂量为每头每天 1.5～3 千克，日粮蛋白质水平控制在 13%～14%。

2. 13 月龄至初次配种

13 月龄以后，育成母牛的消化器官已接近成熟。同时，这一阶段牛抵抗力强，发病率低，但不可忽视其培育，防止其生长发育受阻，造成不应有的损失。此期育成母牛生长发育速度逐渐减慢，消化器官经过前期的发育和锻炼，容积进一步增加，消化能力进一步提高。一般采食足够的优质粗饲料，就基本能够满足其营养需要。体躯接近成年母牛，可大量利用低质粗饲料，锻炼前胃消化功能，增大采食量，扩大前胃容积。此阶段粗饲料比例约占日粮干物质总量的 75%，其余 25% 为精饲料，以补充能量和蛋白质的不足。

3. 妊娠初期

育成牛妊娠初期，其营养需要与配种前差异不大。此阶段应以优质干草、青草或青贮饲料为基本饲料，精饲料可少喂。但到妊娠后期，由于体内胎儿生长迅速，需加强营养，每天应以优质粗饲料为主，并加大精饲料的喂量，每天增加精饲料 2 ~ 3 千克，粗蛋白质维持在 13% ~ 15%。另外，需加强维生素 A 和钙、磷等微量元素的供给。

二、育成母牛的管理

1. 分群

应对育成母牛进行分群管理，最好在断奶前就进行分群管理。在生产中，根据牛群大小、性别、年龄、体格发育情况进行分群，每群牛数不宜过多（20 ~ 30 头），尽量把月龄相近的牛分入同一群。同群个体间年龄不超过 1 个月，体重差异不超过 25 千克。如果一群的头数较多，而年龄和体重差异很大，就会产生一些吃得过多的肥牛和一些吃不饱的弱牛。一般母牛按 6 ~ 12 月龄、13 月龄至初次配种和妊娠后至产犊三个阶段分别组群。

2. 建档

育成母牛要全部登记建卡和记录详细档案，包括监测 6 月龄、12 月龄、18 月龄体重和体尺，最好每月测量 1 次，针对肉牛的生长发育情况及时调整日粮配比、饲喂方案等；记录疫苗接种、疾病发生及治疗、发情、配种和妊娠检查等信息。

3. 配种

肉牛母牛初配年龄一般在 13 ~ 16 月龄，牛发育到体成熟阶段、体重一般应达到成年牛体重 70% 以上才可配种。配种员及饲养人员应仔细观察母牛发情表现。根据档案记录，配种员应做好选配计划，并按计划严格进行。

配种前，除了观察外部发情行为，输精员还应进行直肠检查，将手臂伸进母牛直肠内，隔着直肠壁用手指触摸卵巢及卵泡的变化，触摸卵巢的大小、形状、质地，卵泡发育的部位、大小、弹性，卵泡壁的厚薄，以及卵泡是否破裂、有无黄体等。发情初期卵泡直径为 1 ~ 1.5 厘米，呈小球形，部分凸出于卵巢表面，波动明显；发情中期（高潮期）卵泡液增多，卵泡壁变薄，紧张而有弹性，有一触即破的感觉；发情后期卵泡液流出，形成一个小的凹陷。

生产实践中，如果 1 个发情期输精 1 次，要在母牛拒绝爬跨后 6 ~ 8 小时内进行；若 1 个情期输精 2 次，要间隔 6 ~ 10 小时再进行第二次输精。老龄、体弱和夏季发情的母牛发情持续期相对缩短，配种时间要适当提前。可用直肠检查法掌握母牛卵泡发育情况，在卵泡成熟时输精受胎率最高。一般情况下，母牛发情期只有 1~2 天，如果上午发情，则下午配种；下午发情，则第二天早晨配种，但也有个体差异，在实践中要掌握个体规律。

输精完成后，需认真记录配种日期、公牛编号等信息，填写配种记录表；妊娠检查后，及时登记妊娠情况，填写妊娠检查情况表。

4. 刷拭

应坚持刷拭牛体，每天最好刷拭牛体 1~2 次，每次 5 分钟。刷拭时先从后躯开始，然后到腹部、颈部，最后到头部。刷拭有利于促进牛体血液循环、牛体卫生和健康。现在现代化的规模肉牛场都在运动场或牛舍内安装了自动牛体刷，既满足了牛的个体需要，又降低了人工成本和劳动强度。

5. 修蹄

应从 10 月龄后注意育成母牛的蹄部健康状况，及时修蹄（图 5-5）。在舍饲条件下，每 6 个月修蹄 1 次。一般每年春秋两季各进行 1 次检蹄修蹄。

图 5-5　修蹄

第三节　繁殖母牛的饲养管理

一、妊娠母牛的饲养管理

妊娠母牛的饲养管理重点是保持适宜的体况，做好保胎工作。

1. 饲养

（1）妊娠前期（从受胎到妊娠26周）　母牛在妊娠初期由于胎儿生长发育较慢，其营养需求较少，为此，对妊娠初期的母牛不再另行考虑，一般按空怀母牛进行饲养，以优质青粗饲料为主，适当搭配少量精饲料，如果饲喂全株玉米青贮或青草，可不喂精饲料，每天饲喂2~3次。

（2）妊娠后期（27~38周龄）　母牛妊娠中后期应加强营养，尤其是妊娠最后的2~3个月加强营养特别重要，这期间的母牛营养直接影响胎儿生长和自身营养蓄积。如果此时营养缺乏，会造成母牛流产。对于舍饲妊娠母牛，要根据妊娠月份的增加调整日粮配方，增加营养物质供给量；对于放牧饲养的妊娠母牛，应选择优质草场，延长放牧时间，放牧后每天补饲1~2千克精饲料。同时，要注意防止妊娠母牛过肥，尤其是初产母牛，更应防止过度饲喂，以免发生难产。此阶段以青粗饲料为主，搭配适量精饲料。精饲料饲喂量应根据体况和青粗饲料的质量来确定。如果饲喂全株玉米青贮或豆科、禾本科的混合牧草，基本上不需要饲喂精饲料。让母牛自由饮水，水温控制在12~14℃。

2. 管理

妊娠母牛应保持中上等体况，不宜过肥。在生产中应控制棉籽饼粕、菜籽饼粕、酒糟等饲料的饲喂量。判断母牛膘情的简易方法是看肋骨凸显程度。在离牛1~1.5米处观察，看不到肋骨说明偏肥，能看到3根肋骨说明膘情适中（图5-6），看到4根以上肋骨说明偏瘦。

无论是放牧或舍饲，均应做好保胎工作，预防流产或早产。妊娠后期母牛应做到单独组群饲养，避免撞击腹部。吃饱饮足后不驱赶，每天让其自由活动3~4小时。充足的运动可增强母牛体质，促进胎儿生长发育，并可防止难产。临产前注意观察，保证安全分娩。在生产中纯种肉牛难产率较高，尤其是初产母牛，需要切实做好助产工作。

第五章

图 5-6　膘情适中的母牛

二、围产期母牛的饲养管理

围产期是母牛分娩前后 15 天内的母牛，也可适当提前或延至 21 天，这一时期的饲养管理对临产前母牛、胎犊、分娩后母牛及新生犊牛的健康极为重要。围产期母牛在粗饲料品质差、采食量不足、营养缺乏情况下极易造成体重下降、能量代谢紊乱，因而发病率高。在此期间，母牛生理上变化很大，在饲养管理上要特别注意，使之安全分娩。一般母牛的妊娠期为 283～285 天，可以通过配种日期来推算预产期，常用的方法是用配种月份减 3 或加 9，配种日期加 6 来计算。

此期的饲养管理重点是预防流产、胎衣不下、产后瘫痪，促进母牛体况恢复。

1. 围产前期（产前 15 天至分娩）

（1）饲养　饲喂营养丰富、品质优良、易于消化的饲料。临产母牛饲养应采取以优质干草为主，逐渐增加精饲料饲喂量的方法，对体弱临产牛可适当增喂豆饼 0.5 千克，对过肥临产牛可适当减少饲喂量。临产前 7 天的母牛可逐渐增加精饲料饲喂量，但最大量不宜超过母牛体重的 1%，有助于母牛适应产后大量采食精饲料的变化。临产前 15 天以内的母牛，除减喂食盐外，还应饲喂低钙日粮，钙含量减至平时饲喂量的 1/3～1/2，或在日粮干物质中的比例降到 0.2%～0.4%。临产前 2～3

天，精饲料中可适当增加麸皮含量，以防止母牛发生便秘。

（2）管理　母牛分娩前 15 天应转入产房，事先用 2% 氢氧化钠喷洒消毒产房，并进行卫生处理，铺垫清洁褥草，保持干燥，使分娩母牛提早适应周围环境，且保持安静，让母牛自由活动。

产房工作人员进出产房要穿清洁的外衣，用消毒液洗手。产房入口处设消毒池。产房常备消毒药品、毛巾和接生器具等，昼夜安排人值班，发现母牛有临产症状，表现腹痛、不安、频频起卧时，应做好接产准备。母牛分娩时，应左侧位卧，用 0.1% 高锰酸钾清洗外阴部，如果出现异常则需要助产。

2. 围产后期（产后 15 天）

分娩后应立即驱赶母牛站起，加强管理，使母牛完整地排出胎衣和恶露。胎衣完整排出后，要用 0.1% 高锰酸钾消毒母牛外阴部和臀部，并立即给母牛喂足量的温热麸皮盐钙汤（麸皮 500 克、食盐 50 克、碳酸钙 50 克）10 ~ 15 千克，以利于母牛恢复体力。如果 24 小时后胎衣仍未排出，可用促进子宫收缩药垂体后叶注射液 100 单位、催产素 8 ~ 10 毫升、己烯雌酚 15 ~ 20 毫克，肌内注射。如果 48 ~ 72 小时胎衣仍未排出，应采取手术剥离，剥离后为防止感染，可用 0.1% 高锰酸钾 1000 ~ 2000 毫升冲洗子宫，每天 1 次，连冲 2 ~ 3 天。

母牛产后 7 天内要饮用 37℃ 的温水，7 天之后可以降至 10 ~ 20℃，冬季尤其要注意。随时观察粪便，如果发现粪便稀薄、颜色发灰、恶臭等不正常现象，则应减少或停喂精饲料。

围产后期应让母牛自由采食优质干草，3 天后补充少量精饲料。在优质干草的基础上，逐步增喂优质的青贮饲料，逐渐恢复正常，产后 15 天精饲料喂量达到体重的 1% 左右，干草喂量为 3 ~ 4 千克。分娩 7 天后可以喂块根类、糟渣类饲料，以提高日粮的适口性和营养浓度。为保证牛体健康和产奶量，应重视产后的钙、磷及维生素 D 等的补充。分娩 10 天的牛每头每天饲喂的钙不低于 150 克、磷不低于 100 克。

三、哺乳母牛的饲养管理

人们常把母牛分娩前 1 个月和产后 70 天称作母牛饲养的关键 100 天，这 100 天饲养的好坏，对母牛的分娩、泌乳、产后发情、配种受胎、犊牛的初生重和断奶重、犊牛的健康和正常发育都十分重要。带犊母牛

第五章

的采食量及营养需要，是各生理阶段中最高的和最关键的。

此期的饲养管理重点是早断奶、及早发情。

1. 舍饲哺乳母牛

（1）饲养 母牛产犊 10 天内，尚处于身体恢复阶段，对于产犊后体况过肥或过瘦的母牛必须进行适度饲养。对体弱母牛，产后 3 天内只喂优质干草，4 天后可喂给适量的精饲料和青绿多汁饲料，并根据乳房及消化系统的恢复状况，逐渐增加精饲料量，但每天增加精饲料量不得超过 1 千克，当乳房水肿完全消失时，饲料饲喂量可增至正常。若母牛产后乳房没有水肿，体质健康、粪便正常，在产犊后的第一天就可饲喂青绿多汁饲料和精饲料，到 6 ~ 7 天即可增至正常饲喂量。母牛分娩 2 周后，日粮粗蛋白质含量不能低于 10%，同时，供给充足的钙、磷、微量元素和维生素。混合精饲料补饲量为 2 ~ 3 千克，可大量饲喂青绿多汁饲料，保证母牛产后正常发情。

（2）管理 产犊后 2 周，如果母牛恢复良好，可回到原群饲养。舍饲哺乳母牛应根据牛场的饲料资源和管理水平在犊牛 2 ~ 4 月龄时进行人工断奶，产后 3 个月逐步减少混合精饲料喂量，青绿多汁饲料应少给勤添。并通过加强运动、刷拭牛体、足量饮水等措施，避免产奶量急剧下降。

2. 放牧哺乳母牛

（1）饲养 青绿多汁饲料中含有丰富的粗蛋白质，以及各种必需氨基酸、维生素、酶和微量元素，放牧期间的充足运动和阳光浴可促进牛体的新陈代谢，改善繁殖机能，提高产奶量，增强母牛和犊牛健康，提高对疾病的抵抗能力。春季当牛群由舍饲转为放牧时（图 5-7），开始一周不宜吃得过多，放牧时间不宜过长，每天至少补充 2 千克干草。要注意保证食盐或舔砖的补给，方法是在母牛饮水的地方设置盐槽，让其自由舔食。

（2）管理 有条件的地方，哺乳母牛夏季应以放牧管理为主。在放牧季节到来之前，要检修房舍、棚圈等，确定水源和饮水后的休息场所。

母牛从舍饲转为放牧要逐步过渡，要用粗饲料、半干贮及青贮饲料预饲，日粮中要有足量的纤维素以维持正常的瘤胃消化。夏季过渡期为 7 ~ 10 天，若冬季日粮中青绿多汁饲料很少，过渡期应为 10 ~ 14 天。在过渡期，为了预防青草抽搐症，每天放牧时间从 2 小时逐渐过渡到 12 小时。过渡期内要用粗饲料弥补放牧不足。

图 5-7　放牧牛群

由于牧草中钾多钠少，因此要特别注意食盐的补给，以维持牛体内的钠、钾平衡。补盐方法：可配合在母牛的精饲料中喂给，也可在母牛饮水的地方设置盐槽，供其自由舔食。

在生产中，不要在有露水的草场上放牧，也不要让牛采食大量易产气的幼嫩豆科牧草，以防止瘤胃臌气发生。

第四节　种公牛的饲养管理

种公牛是指符合品种标准，具有繁殖育种价值并作为种牛的公牛。种公牛对牛群的发展和改良起着极其重要的作用。种公牛的饲养管理是保证种公牛正常繁殖机能的物质基础，为了保证种公牛的健康和正常利用，要不断提高冻精质量，必须根据种公牛的年龄、品种，制定科学的饲养管理和使用制度。

一、种公犊的培育

公牛在犊牛期的生长发育，不仅会影响其种用效率，而且会影响对其遗传育种值的评估；同时不宜种用的公犊也是育肥架子牛的来源，生长发育与其育肥性能和育肥效率相关，因此，必须从犊牛期就重视对公牛的培育。

1. 饲养

（1）早喂初乳 种用公犊初生重不低于 38 千克，发育正常。哺乳期不少于 4 个月。犊牛出生后，应让其尽快并充分吃到初乳。初乳是母牛分娩后 4～7 天内所产的乳，其中含有许多免疫物质，对犊牛有独特的生物学功能，不可缺少。一般犊牛出生后表现出呼吸反射或母牛生产后 1～1.5 小时就可哺喂初乳。初乳挤出后应立即哺喂，用带有奶嘴的奶壶哺喂为佳。犊牛随母哺乳时，应对哺乳种用公犊的母牛增加精饲料饲喂量 30%～50%（哺乳普通供育肥用的公犊，按常规补饲），并把哺乳期延长到公犊断奶。初乳一般哺喂 4～7 天，结束后犊牛转入犊牛群，用混合精饲料饲喂。一般犊牛饮不完母牛分泌的初乳，可以将剩余的初乳冷冻贮存，以供给初乳不够的犊牛饲喂。

（2）适时喂料 犊牛出生时，其瘤胃、网胃和瓣胃还未发育完全，对乳的消化也主要靠皱胃完成。随着犊牛的生长，到了 3 周龄，瘤胃内即可形成微生物区系。因此，为了促进犊牛瘤胃的发育，一般对 7～10 日龄的犊牛就可以供给精饲料，让其自由舔食；对 10 日龄左右的犊牛就应提供优质的干草或青草供其采食，以锻炼并使瘤胃逐渐适应饲喂的饲料种类。出生后 2 个月内，公、母犊牛的营养需要量相差不大，每天的喂奶量一般保持在体重的 10%～12%；2 个月后，公犊的生长发育加快，可按其体重的 8%～10% 喂奶，并增加犊牛料和优质饲草的供给。

需要注意的是，给犊牛补饲时，对于种公犊，必须增加全乳、脱脂乳、精饲料的饲喂量，控制青贮饲料的饲喂量，防止形成"草腹"而影响成年后采精。补给犊牛的草料应为优质干草，不要用麦秸、稻草、酒糟等；日粮营养应搭配完善，在营养成分上应保证矿物质、脂溶性维生素，特别是维生素 A 的供应，避免使用抗生素和激素类药物，以免影响公犊性机能的发育。一般犊牛 4～5 月龄时就应减少喂奶量，到 6 月龄时完全断奶。在正常饲养管理情况下，3～6 月龄公犊的平均日增重可达 1 千克左右。

2. 管理

（1）卫生管理和预防接种 新生犊牛的免疫系统尚未建立，体质较弱，很容易患病，因此，要做好清洁卫生工作。犊牛哺乳用的奶壶、奶桶等应每次用完后洗净，并及时用干净毛巾将残留乳汁擦净，自然晾干，用前消毒，这是减少犊牛发病的重要环节。这样才能保证犊牛少患病，健康成长。犊牛舍应保持清洁干燥、勤换垫草、定期消毒，保持舍内空气新鲜，温、湿度适宜，阳光充足。冬季加强保温工作，防止因低温造成犊牛腹泻，引起犊牛伤亡。

对种用公犊还应每天刷拭皮肤，促进皮肤呼吸和血液循环，这样能增强代谢作用，提高饲料转化率，有利于公犊的生长发育。同时，刷拭还可以保持牛体清洁，防治体表寄生虫。对于放牧牛，还容易建立人与牛之间的感情，培养牛温驯的性格。

对于传染病应及早预防接种，应根据当地历年的疫病情况决定接种哪些疫苗。

（2）去角和调教　去角一是为了人的安全，便于对牛管理，成年后便于采精，二是利于对牛调教。去角一般在出生后 5～7 天进行。去角的方法有固体苛性钠法和电烙铁法两种（详见本章第一节犊牛的饲养管理中"去角"部分）。

对犊牛从小调教，使之养成温驯的性格，无论对育种工作，还是成年后的饲养管理与利用都很有利。对犊牛进行调教，就是管理人员要用温和的态度对待牛，经常抚摸、刷拭牛体，养成犊牛温顺的性格。

二、育成公牛的饲养管理

犊牛满 6 个月时即进入育成期，6～24 月龄的公牛处于快速生长发育的阶段。良好的饲养管理，不仅可以获得较大的增重速度（日增重一般在 1000 克以上），而且可以提高公牛的培育质量。

1. 饲养

育成公牛处于生长发育较快的阶段，体重增加快，机体组成变化明显，此阶段生长发育是否正常，直接关系到今后的种用价值，因此，应给予科学合理的饲养管理。育成公牛的生长速度比母牛快，所需的营养物质较多，特别需要以精饲料的形式提供能量，以促进其迅速的生长和性欲的发展。饲喂量不足、营养水平过低会延迟性成熟，并导致产生品质低劣的精液及生长速度减慢。为了使育成公牛在 12～14 月龄达到采精时的体重（不低于 400 千克），育成公牛的日粮应以精饲料为主，适当搭配青粗饲料（避免用劣草），以防形成"草腹"而影响繁殖机能。

（1）日粮组成科学完善　应喂给育成公牛优质精、粗饲料，保证蛋白质、矿物质及脂溶性维生素的供应，不能使用抗生素和激素类药物，以免影响性器官的正常发育。

（2）精、粗饲料搭配恰当　以青草为主时，精、粗饲料的比例为55:45；以干草为主时，精、粗饲料的比例为60:40。在饲喂豆科或禾本科优质牧草的情况下，对于周岁以上的育成牛，混合精饲料中粗蛋白质的含量在12%左右为宜。

（3）适量饲喂青贮饲料　周岁内的公牛，每天饲喂量为月龄数乘以0.5千克，周岁以上的每天饲喂量的上限为8千克。

（4）饲喂次数和顺序合理　一般每天饲喂3次，定时定量，先精后粗，精、粗饲料搭配。早晨、下午饲喂可精、粗搭配，晚上只喂粗饲料。例如，早晨和下午饲喂时，先喂全价料，后喂苜蓿、青干草；晚上饲喂青干草。

7~14月龄育成公牛的日增重可达1100~1300克，15~21月龄的日增重为900~1000克，22月龄以上的日增重为600~800克。随着育成公牛年龄的增长，日增重适量减少，每天饲喂粗饲料的量也相应减少。

（5）日粮饲喂量　根据公牛年龄、体形的差异，日粮饲喂总量分别占体重的百分比为：青年公牛3%、成年公牛2.8%、大体形公牛2.5%。一般应根据每月称重及膘情评分制定饲喂量。不同日粮类型和不同体重的参考饲喂量见表5-3和表5-4。

表5-3　育成公牛不同日粮类型的参考饲喂量

饲料原料名称	日粮类型		
	日粮1	日粮2	日粮3
精饲料	每100千克体重喂给1千克/天，冬季增加0.5~1千克/（头·天），夏季减少0.5千克/（头·天）	3~5千克/（头·天）	3~5千克/（头·天）
羊草	3~8千克/（头·天）	3~8千克/（头·天）	

（续）

饲料原料	日粮类型		
名称	日粮1	日粮2	日粮3
青干草			体重的 1.2%~2.5%
苜蓿		1~2 千克/（头·天）	
胡萝卜	每 100 千克体重喂给 0.3~0.5 千克/天		
青贮饲料	每 100 千克体重喂给 0.3~0.5 千克/天		

表 5-4　育成公牛不同体重的参考饲喂量

（单位：千克）

饲料种类	育成公牛体重			
	320 千克	400 千克	540 千克	820 千克
精饲料	4	5	5	5
青干草	2.5	3	5.5	10
青贮饲料	3	4	5.5	8

2. 管理

1）为了便于管理，防止互相爬跨，育成公牛从 6 月龄开始单栏饲养，8 月龄穿育成牛鼻环，鼻环用不锈钢材质最好。

2）种公牛睾丸的最快生长期是在 6~14 月龄，在此期间应加强营养和护理。为了促进睾丸的发育，除加强营养外，对刚开始采精的育成公牛还应经常（每 7~10 天）进行睾丸按摩和护理，每次 5~10 分钟，同时保持阴囊皮肤的清洁卫生，定期冷敷，这对提高精液质量和培养公牛温顺的性情有重要作用。

3）种公牛必须坚持运动，要求上、下午各运动 1 次，每次 1.5~2 小时，行走距离为 4 千米左右。实践证明，运动不足或长期拴系，会使公牛性情变坏，采不出精液或精液质量下降，易患肢体病和消化道疾病等。可牵引公牛通过护栏通道进行运动，坚持左右侧双绳牵导，一人牵住缰绳引导，另一人牵着鼻环以控制其行动，互相配合，使公牛在通道上行走，人在护栏外牵引，做到人牛分离，确保人员的安全。

4）种公牛应每天刷拭牛体 2 次，每次刷拭 10 分钟左右，既有利于牛体卫生，又有利于人牛亲和，且能达到调教驯服的目的。种公牛在生长发育良好的情况下 18 月龄可以配种，适宜采精时间为 24 月龄左右。初次采精时每周只能采 1 次。每月或每季应对育成公牛称重 1 次，同时测量体尺，记录育成公牛生长发育情况，以便根据体重的变化进行合理的饲养。

三、成年公牛的饲养管理

成年公牛承担着繁殖任务，无论直接从国外进口种公牛还是通过胚胎移植培育种公牛，培育一头优秀种公牛成本都较高。因此，科学饲养对于保证种公牛体格健壮、提高精液质量和延长使用年限非常重要。

1. 饲养

培育种公牛的重要目的是获得更多、更好、优质的精液，所以，要选择性欲强、膘情适宜、体况良好、不宜过肥也不能过瘦的肉用种公牛进行培育。

种公牛饲料的全价性是保证种公牛正常生产及生殖器官正常发育的首要条件。饲养实践证明，日粮中蛋白质缺乏会造成精子质量低劣；能量不足会使睾丸或附睾器官发育不正常，致使性欲降低而影响精子生成等；维生素 A 和锰、锌、铁缺乏会引起生殖道上皮变性，性欲降低，精子生成异常；钙、磷不足使精子发育不全或活力不强。因此，饲养种公牛必须按照营养需要，供给全价混合饲料，补充微量元素、多种维生素及氨基酸等。

种公牛应采用营养全价，适口性强，易于消化的饲料。饲喂时要求青绿饲料、精饲料、粗饲料搭配合理，建议多饲喂高蛋白饲料和青干草，少喂碳水化合物和青绿多汁饲料。由于维生素与精液质量有密切关系，为此，冬春季节（每年 10 月至第 2 年 4 月）可用胡萝卜补充维生素 A，夏季（5~9 月）补给青苜蓿、青刈玉米来满足种公牛的营养需要，从而保证种公牛全年的生产力。应注意青绿多汁饲料和粗饲料饲喂不可过量，以免公牛长成"草腹"；碳水化合物含量高的饲料也宜少喂，否则易造成种公牛过肥而降低配种能力；菜籽饼、棉籽饼有降低精液品质的作用，不宜用作种公牛饲料；豆饼虽富含蛋白质，但它是生理酸性饲料，饲喂过多易在体内产生大量有机酸，反而对精子的形成不利，因此应控制饲喂量。公牛日粮中的钙不宜过多，特别是对老年公牛，一般当粗饲

第五章

料为豆科牧草时，精饲料中不再需要补充钙质。

（1）营养全价、合理搭配日粮　肉用种公牛培育饲料要营养全价，必须保证饲料中含有粗蛋白质14%~18%，能量维持在6.7~7.5兆焦/千克，食盐比例为0.1%，钙、磷比例为1:（1~2）。成年种公牛的日粮可由青草或青干草、块根类及混合精饲料组成。

（2）供给优质青干草　应保证豆科干草的供给量，控制玉米青贮饲料的饲喂量。要搭配使用青绿饲料，但切勿过量饲喂青绿多汁饲料和粗饲料。长期饲喂过多的粗饲料，尤其是劣质粗饲料，会使公牛的消化器官扩张，形成"草腹"，腹部下垂，导致成年种公牛精神委顿而影响配种能力。此外，不应使用秸秆饲喂采精公牛，防止其因便秘而影响性活动。

（3）控制干物质摄入量　在配制成年公牛日粮时，每天的总干物质摄入量应为其体重的1.2%~1.4%。此外，还应根据季节和温度的变化进行调整，即在寒冷的季节因需要较高的能量，总干物质的摄入量要适当增加，而在炎热的天气条件下，总干物质摄入量应适当减少。

（4）饲喂方法　成年种公牛应单槽喂养，两头公牛之间的距离应保持3米以上，可用2米高的栏板隔开，以免相互爬跨和顶架。饲喂应定时定量，一般每天饲喂3次以上，饲喂顺序为先精后粗。

（5）饮水充足　最好采用自动饮水器让牛自由饮水，既可以保持水的卫生，又可以避免浪费。采精公牛的饮水应保证随时供给，否则公牛有可能处于应激状态，影响精液产量。采精前后半小时均不能喂水，以免影响公牛健康。

（6）调整微量元素及维生素供给　微量元素及维生素在精子形成过程中发挥着重要的作用，尤其是维生素A直接影响着精子的形成，种公牛缺乏维生素A可导致畸形精子增多，甚至导致精子减少、影响精液质量和活力、种公牛性欲锐减。所以，必须根据种公牛的体况、性欲、精液质量等情况，及时调整微量元素及维生素的供给量，提高精液质量。建议在种公牛食槽内添加含各种微量元素的舔砖供其自由舔食，可有效维持种公牛机体的电解质平衡，提高饲料转化率。

（7）及时调整饲喂方案　饲喂量应该根据不同群体调整，对于后备种公牛，最好每个月都进行称重，根据称重结果及生长速度，及时调整日粮饲喂量及配方。对于成年种公牛，应保持中等膘情，过瘦或过肥都会影响精液质量，要根据体重变化适量调整，保证健壮的体质、旺盛的性欲和精液质量。

（8）**精液质量与饲料成分相关**　饲料中各营养成分与精液的质量息息相关。蛋白质饲料属于生理酸性饲料，过多的饲喂量会导致体内产生大量的有机酸，对精子的形成不利；青贮饲料属于生理碱性饲料，但本身含有大量的有机酸，饲喂量过多同样会对精子的形成造成影响；维生素、食盐和钙、磷等矿物质元素对促进消化机能、维持食欲和精液品质影响很大，必须按照需要进行供给。

（9）**成年种公牛的饲喂量**　生产实践中，种公牛应根据每月称重及膘情评分制定饲喂量。各饲料饲喂限额按每 100 千克体重计算：混合精饲料 0.4 ~ 0.6 千克，每天饲喂量不超过 8 千克；青干草 1 ~ 1.5 千克，每天饲喂量为 6 ~ 12 千克；青贮饲料 0.6 ~ 0.8 千克，每天饲喂量为 8 ~ 10 千克；块根、块茎饲料 0.8 ~ 1 千克，每天饲喂量为 6 ~ 8 千克。不同日粮类型的参考饲喂量见表 5-5。

表 5-5　成年种公牛不同日粮类型的参考饲喂量

饲料原料名称	饲喂量		
	日粮 1	日粮 2	日粮 3
精饲料	每 100 千克体重喂给 1 千克/天，冬季增加 0.5 ~ 1 千克/（头·天），夏季减少 0.5 ~ 1 千克/（头·天）	4 ~ 8 千克/（头·天）	每天 100 千克体重喂给 0.5 千克
羊草	8 ~ 11 千克/（头·天）	8 ~ 12 千克/（头·天）	
青干草			每天 100 千克体重喂给 1 ~ 1.5 千克
苜蓿		2 ~ 3 千克/（头·天）	
胡萝卜	每 100 千克体重喂给 0.3 ~ 0.5 千克/（头·天）		每日 100 千克体重喂给 1 ~ 1.5 千克
青贮饲料	每 100 千克体重喂给 0.3 ~ 0.5 千克/（头·天）		每日 100 千克体重喂给 0.5 千克

2. 管理

对成年公牛的管理措施与对育成公牛的管理措施基本相同。

在管理成年公牛时，饲养人员首先要注意安全，这一点尤其重要。公牛记忆力强，故应专人负责管理，以便建立人牛感情。饲养人员应严肃大胆、谨慎细心、恩威并施地对待公牛，使牛养成听人指引和接近人的习惯。饲养员平时不得随意逗弄、鞭打和虐待公牛，以免公牛记仇或养成顶人的恶癖。种公牛管理的其他几个要点如下。

（1）牵引与安全　种公牛的牵引应用双绳，由两人分别在牛的左侧和右侧后方牵引，人和牛应保持一定的距离。对烈性公牛，需用牵引棒进行牵引。一人牵住缰绳，另一人双手握住牵引棒，将牵引棒勾在鼻环上以控制牛的行动，使牛与人保持一定距离。在牛舍到采精架的沿途设置栏杆，使牛在栏杆一侧行走，而人在另一侧牵引，以防牛顶人。

（2）适当运动　种公牛必须坚持运动。要求上午和下午各进行1次。每次1.5～2小时，行走距离为2千米左右。运动方式有旋转架运动、牵引运动等。种公牛站因公牛较多，可以设置旋转架，每次可同时使数头牛运动。种公牛少时，可以修建运动圈或牵引通道等。实践表明，运动不足或长期拴系，会使公牛性情变坏，精液质量下降，患肢蹄病和消化道疾病等。但运动过度或使役过劳，对公牛的健康和精液质量同样有不良影响。

（3）定期称重　成年的种公牛应每月称重1次，报据其体重变化情况进行合理的饲养，使牛保持中等体况，不能过肥，以免影响性欲和精液品质。体重过大也不便于爬跨。

（4）合理利用　成年种公牛每周采精2次，每次可射精2次，2次射精间隔20分钟以上。后备种公牛从12月龄开始，可每周或每10天采精1次，以保证正常的射精量和精子活力。如果种公牛采精或配种次数太少，会造成精子老化，数量减少，影响受胎率，同时减弱反射；反之，如果采精或配种次数过多，也会影响精液品质及种公牛的健康。采精时应注意人和牛的安全，采精架设计应合适，防止伤害到种公牛的前蹄，也不可影响爬跨。采精室一般采用混凝土铺地或铺垫橡胶垫，地面不宜过于光滑，以防种公牛在采精时滑倒或因受到刺激而影响采精。

（5）注意环境温度 种公牛的配种能力与精液品质受气温影响很大，对气温最为敏感。种公牛配种的最适温度为 2 ~ 24℃。由于公牛体格大，体表面积相对较小，再加上牛的汗腺不发达，过高的温度会使种公牛的呼吸、脉搏加快，体温上升，口内流涎吐沫，同时精液品质及数量下降。高温下所采精液的耐冻性差，用这种精液制作的冻精受胎率低。在炎热的夏季，如果种公牛所处的环境湿度也高，精液品质和性欲会进一步降低。因此，必须采取一定措施，如给公牛遮阳、适当提高喂盐量，常给清凉饮水、加强通风，加强夜饲等。必要时还可淋浴，或以电风扇通风降温，避免这种情况出现。

（6）睾丸按摩与护理 种公牛精子的生产与睾丸的周径有密切关系，一般周径在 33 厘米以下的基本不育。睾丸大的公牛，产生的精液量相对就大。为促进睾丸发育，还要经常按摩和护理，保持阴囊的清洁卫生，按摩睾丸是一项特殊的操作项目，坚持每天 1 次，每次 5 ~ 10 分钟，与刷拭结合进行。为了改善精液品质，可增加 1 次，并适当延长按摩时间。在炎热的夏季，要采取措施做好防暑降温工作，尤其是做好阴囊的降温，以保证精液的质量。

（7）刷拭和洗浴 刷拭和洗浴也是种公牛管理的一项重要内容。要坚持每天定时刷拭 1 ~ 2 次。平时则应注意清除牛体污物，保持牛体清洁。每次刷拭都要小心细致，尤其要注意清除角间（枕骨脊处）、额部、颈部等处污垢，以免牛因发痒而顶人。在夏季，还应进行洗浴，最好使用淋浴，边淋边刷，浴后擦干。种公牛站内可以安装淋浴设施，以便牛定期淋浴和驱虫。

（8）及时修蹄 若不修整种公牛的蹄趾，会影响种公牛的运动、采食和配种。饲养人员要经常检查牛的蹄趾有无异常。要求保持蹄壁和蹄叉清洁，将附着的污物清除掉。为了防止蹄壁干裂，可经常涂抹凡士林或无刺激性的油脂。发现蹄病要及时治疗。每年春秋两季各修蹄 1 次。蹄形不正须矫正。种公牛如有畸形蹄趾，或由于病蹄治疗不及时，行走不便，会影响采精，严重者继发四肢疾病，甚至丧失配种能力，损失重大，必须引起高度重视。

第五节　育肥牛的饲养管理

肉牛育肥是肉牛生产的关键，在育肥阶段，肉牛生长速度快、饲料转化率高，便于进行高强度育肥，生产高档牛肉，获得明显的育肥效果和经济效益。

一、肉牛的生长规律

1. 体重

牛的初生重与遗传基础有直接关系。在正常的饲养管理条件下，初生重大的犊牛生长速度快、断奶重也大。一般肉牛在8月龄内生长速度最快，以后逐渐减慢，到了成年阶段（一般3～4岁）生长基本停止。牛的最大日增重是在250～400千克体重阶段，此外，日粮营养水平会直接影响日增重。饲养水平下降，日增重下降，同时肌肉、骨骼和脂肪的生长也会随之降低。特别在育肥后期，随着饲养水平的降低，脂肪的沉积数量大为减少。当牛进入性成熟（8～10月龄）以后，阉割可以使生长速度下降。在牛体重为90～550千克时阉割，胴体中瘦肉和骨骼的生长速度降低，脂肪在体内的沉积速度却在增加。尤其在较低的饲养水平下，阉牛的脂肪组织的沉积程度远远高于公牛。不同品种和类型牛的体重增长规律也不一样。

2. 体形

新生犊牛的四肢骨骼发育早而中轴骨骼发育迟，因此牛体高而狭窄，臀部高于鬐甲。到了6～7月龄时，体躯长度增长加快，其次是高度，而宽度和深度增长稍慢，因此牛体增大，但仍显狭窄，前、后躯高差消失。断奶至14～15月龄，高度和宽度生长变慢，牛体进一步加长、变宽。15～18月龄以后，体躯继续向宽、深发展，高度停止增长，长度增长变慢，体形浑圆。

3. 胴体组织

随着牛的生长和体重的增加，胴体含水量明显减少，蛋白质含量的变化趋势相同，只是变化幅度较小。胴体脂肪明显增加，灰分含量变化不大。

骨骼的发育以7～8月龄为中心，12月龄以后逐渐变慢。内脏的发育也大致与此相同，只是13月龄以后其相对生长速度超过骨骼。肌肉在

8～16月龄直线发育，以后逐渐减慢，12月龄左右为肌肉生长中心。脂肪则是在12～16月龄急剧增长，但主要是体脂肪增长，而肌间和肌内脂肪的沉积要等到16月龄以后才会加速。胴体中各种脂肪的沉积顺序为皮下脂肪、肾脂肪、体脂肪和肌间脂肪。

4. 肉质

牛肉的大理石花纹在8～12月龄没有多大变化，但12月龄以后，肌肉中沉积脂肪的数量开始增加，到18月龄左右，大理石花纹明显，即五花肉形成。12月龄以前，肉色很浅，呈粉红色；16月龄以上，肉色呈红色；18月龄以后肉色变为深红色。肉的纹理，坚韧性、结实性及脂肪的色泽等变化规律和肉色相同。

二、肉牛的育肥原理

育肥的目的是获得优质的牛肉，并取得最大的经济效益。育肥过程中必须使日粮营养水平高于维持和正常生长发育所需要的营养，获得较高的日增重，缩短育肥期，使多余的营养在促进肌肉生长的同时，沉积尽可能多的脂肪。幼龄牛日粮营养水平应高于维持和正常生长发育的营养需要。对于成年牛，只需高于维持需要即可。

不同品种的牛，育肥期营养需要量是有差别的。以去势幼龄牛为例，乳用品种牛所需要的营养物质比肉用品种牛高出10%～20%。不同生长阶段的牛，其生长发育重点不同。幼龄牛以肌肉、骨骼和内脏为生长重点，所以饲料中蛋白质含量应高一些。成年牛主要是脂肪沉积，所以饲料中能量应高一些。由于两个生长阶段增重成分不同，单位增重所需的营养量以幼龄牛最少，成年牛最多。当脂肪沉积到一定程度后，成年牛的生活力降低，食欲减退，饲料转化率降低，日增重减少，必须及时出栏，以免浪费饲料。公牛在丰富的饲养条件下增重较快，每单位增重平均消耗饲料几乎较母牛节省10%以上，阉牛则介于公、母牛之间，阉牛在饲养水平高的时候较公牛更易于沉积脂肪，达到"雪花"牛肉的品质。

由于维持营养需要没有直接的产品，所以在育肥过程中，日增重越高，营养维持消耗的比重越小，则用于增重的比重就越大，能量的利用率也就越高。各种牛用于增重所消耗净能相差不大，仅仅是脂肪和肉的增重与骨的增重的比例不同。因此，如何降低维持能量消耗是肉牛育肥

的中心问题之一。

三、肉牛的育肥方式

肉牛育肥有多种方式，但在实际生产中往往是相互交叠应用的。

（1）按年龄划分 犊牛育肥、育成牛（青年牛）育肥、成年牛育肥。

（2）按性别划分 公牛育肥、母牛育肥、阉牛育肥。

（3）按育肥所用饲料类型划分 精饲料型直线育肥、前粗后精型架子牛育肥。

（4）按饲养方式划分 放牧育肥、放牧＋补饲育肥、舍饲育肥。

（5）按育肥时间长短划分 持续育肥、架子牛育肥（后期集中育肥）。

四、不同年龄段肉牛的育肥

1. 犊牛育肥

犊牛育肥就是充分利用犊牛阶段生长发育迅速的特点来提高饲料转化率、缩短出栏期和生产高档牛肉。犊牛出生后，用全乳、代乳品、精饲料等饲喂，直接进行 10~12 个月的育肥，体重达到 450 千克以上即可出栏。

（1）饲喂技术

1）适应期（30 天）。舍饲犊牛要供足清洁饮水和优质青绿饲料。牛按每千克体重空腹服左旋咪唑 6~10 毫克驱虫。隔 3 天后，再用石膏 60 克、知母 50 克、淡竹叶 45 克、麦芽 100 克、神曲 120 克、山楂 80 克、甘草 60 克，煎水内服，每天 1 剂，连用 3 天，以健胃。

2）增肉期（7~8 个月）。本期肉牛生长迅速、增重快，应加强营养，日粮配方是：每头每天用玉米粉 2~3 千克、油饼类 0.5~1 千克、麸皮 0.1~1 千克、酒糟 10~20 千克、青贮玉米秸秆 15~20 千克、食盐 40~50 克、含硒微量元素按说明使用。与配合饲料拌匀饲喂，供足饮水。

3）催肥期（2 个月）。此期主要是促使牛体膘肉丰满，脂肪沉积。日粮配方是：每头每天用油饼类 2~2.5 千克、麸皮 2~3 千克、玉米粉 3~4 千克、青贮饲料 15~25 千克、酒糟 25~30 千克、食盐 70~80 克，混于配合饲料中喂给。

（2）管理要点 每天喂 3 次，定时、定量投喂饲料，喂量以每次吃

第五章

尽吃饱为宜。饮用 15 ~ 29℃ 的清洁温水，每天饮水 3 ~ 4 次。保持牛体清洁，每天刷拭牛体 2 次，以增加血液循环，促进食欲，牛舍尽量保持清洁、干燥，空气新鲜，做到冬暖夏凉。

增加夜间饲喂，肉牛增喂夜餐育肥法比传统白天饲养法日增重明显，可缩短 1/3 的育肥期，效果显著。

2. 育成牛育肥

育成牛（青年牛）育肥是指将 6 月龄断奶的健康犊牛饲养到 18 月龄，使其体重达到 400 ~ 600 千克出栏。由于育成牛处在饲料转化率较高的生长阶段，育肥时增重快，饲养期短，饲料转化率高，所以总效率高。

影响牛育肥的主要因素包括：对育肥牛本身性状的选择，育肥期饲养管理技术，饲料条件及饲喂技术。市场销售渠道和经营者的决策水平，则是保证肉牛育肥后获得良好经济效益的关键因素。这些因素对于保证育肥成功更为重要。目前，我国的肉牛育肥 70% ~ 80% 都是育成牛育肥。肉牛的主要肥育方法有持续育肥和架子牛育肥两种方法。

（1）持续育肥　持续育肥是指犊牛断奶后，立即转入育肥阶段进行育肥，一直到出栏体重（12 ~ 18 月龄、体重达 400 ~ 500 千克）。此方法广泛用于美国、加拿大和英国，使用这种方法时，日粮中的精饲料可占总营养物质的 50% 以上。既可采用放牧加补饲持续育肥方式、放牧-舍饲-放牧持续育肥，也可用舍饲持续育肥方式。这种育肥方法生产的牛肉鲜嫩，仅次于小白牛肉，而成本较犊牛育肥低，是一种很有推广价值的育肥方法。

1）放牧加补饲持续育肥。在牧草条件较好的地区，犊牛断奶后以放牧为主，根据草场情况，适当补充精饲料或干草，使其在 18 月龄体重达 400 千克。要实现这一目标，在随母牛哺乳阶段，犊牛平均日增重需达到 900 ~ 1000 克。冬季日增重保持在 400 ~ 600 克，第二个夏季日增重为 900 克。在枯草季节，杂交牛每头每天补饲精饲料 1 ~ 2 千克。放牧时应做到合理分群，每群 50 头左右，分群轮放。在我国，1 头体重为 120 ~ 150 千克的牛需要 1.5 ~ 2 公顷草场。放牧时要注意牛的休息和补盐，夏季注意防暑，狠抓秋膘。

2）放牧-舍饲-放牧持续育肥。这种育肥方法适用于 9 ~ 11 月出生的秋犊。犊牛出生后随母牛哺乳或人工哺乳，哺乳期日增重为 600 克，断奶时体重达到 70 千克。断奶后以饲喂粗饲料为主，进行冬季舍饲，自由采食青贮饲料或干草，每天喂精饲料不超过 2 千克，平均日增重为 900 克，到 6 月龄体重达到 180 千克。然后在优良牧草地放牧（此时正值 4 ~ 10 月），要求平均日增重保持在 800 克。到 12 月龄可达到 325 千克。转入舍饲，自由采食青贮饲料或青干草，每天饲喂精饲料 2 ~ 5 千克，平均日增重为 900 克，到 18 月龄，体重达 490 千克。

3）舍饲持续育肥。肉牛从出生到屠宰全部实行圈养的育肥方式称为舍饲持续育肥。舍饲持续育肥适用于专业化的育肥场（彩图 29）。采取舍饲持续育肥，首先要制订生产计划，然后按阶段进行饲养。犊牛断奶后进行持续育肥，犊牛的饲养取决于育肥的强度和屠宰时的月龄，强度育肥到 14 月龄左右屠宰时，需要提供较高的饲养水平，以使育肥牛平均日增重在 1 千克以上。制订育肥生产计划时，要考虑到市场需求、饲养成本、牛场的条件、品种、育肥强度及屠宰上市的月龄等，以期获得最大的经济效益。按阶段饲养就是按肉牛的生理特点、生长发育规律及营养需要特征将整个育肥期分成 3 个阶段，分别采取相应的饲养管理措施。

① 适应期。断奶犊牛一般有 1 个月左右的适应期。刚进舍的断奶犊牛，对新环境不适应，要让其自由活动，充分饮水，少量饲喂优质青干草，精饲料由少到多逐渐增加喂量，当犊牛进食 1 ~ 2 千克时，就应逐步更换正常的育肥饲料。在适应期每头每天可喂酒糟 5 ~ 10 千克、切短的干草 15 ~ 20 千克（如果喂青草，用量可增加 3 倍）、麸皮 1 ~ 1.5 千克、食盐 30 ~ 35 克。如果发现牛消化不良，可每天饲喂 20 ~ 30 片干酵母；如果粪便干燥，可每天饲喂 2 ~ 2.5 克多种复合维生素。

② 增肉期。一般为 7 ~ 8 个月，此期可大致分成前后两期。前期以粗饲料为主，精饲料每头每天 2 千克左右；后期粗饲料减半，精饲料增至每头每天 4 千克左右，自由采食青干草。前期每头每天可喂酒糟 10 ~ 20 千克，切短的干草 5 ~ 10 千克，麸皮、玉米粗粉、饼类各 0.5 ~ 1 千克，尿素 50 ~ 70 克，食盐 40 ~ 50 克。喂尿素时要将其溶解在少量水中，拌在酒糟或精饲料中饲喂，切忌放在水中让牛直接饮用，以免引起中毒。后期每头每天可喂酒糟 20 ~ 25 千克、切短的干草 2.5 ~ 5 千克、麸皮 0.5 ~ 1 千克、玉米粗粉 2 ~ 3 千克、饼渣类 1 ~ 1.25 千克、尿素 100 ~ 125 克、食盐 50 ~ 60 克。

③ 催肥期。一般为 2 个月，主要是促进牛体膘肉丰满，脂肪沉积。每头每天喂混合精饲料 4 ~ 5 千克，粗饲料自由采食。每天可饲喂酒糟 25 ~ 30 千克、切短的干草 1.5 ~ 2 千克、麸皮 1 ~ 1.5 千克、玉米粗粉 3 ~ 3.5 千克、饼渣类 1.25 ~ 1.5 千克、尿素 150 ~ 170 克、食盐 70 ~ 80 克。

在饲喂过程中要掌握先喂草，再喂精饲料，最后饮水的原则，定时定量进行饲喂，一般每天饲喂 2 ~ 3 次，饮水 2 ~ 3 次。每次喂料后 1 小时左右饮水，要保持饮水清洁，水温保持 15 ~ 25℃。每次饲喂精饲料时先取干酒糟用水拌湿，或干、湿酒糟各半混匀，再加麸皮、玉米粗粉和食盐等拌匀。牛吃到最后时，拌入少许玉米粗粉，使牛把饲槽内的食物吃干净。

（2）架子牛育肥 架子牛育肥也叫后期集中育肥，是指犊牛断奶后在低营养水平下饲养，当体重达到 250 ~ 300 千克时，再供给较高营养水平的日粮，采用强度育肥方式，集中育肥 3 ~ 4 个月，充分利用牛的补偿生长能力，增加肌肉、脂肪的沉积，以改善肉质，活重达到 550 千克左右，达到理想体重和膘情后出栏屠宰。这种育肥方法成本低，精饲料用量少，经济效益较高，应用广泛。

1）架子牛的选购。

① 品种。以当地母牛与西门塔尔、利木赞、夏洛来、安格斯等优良国外肉牛品种的杂交牛为主，用三元杂交架子牛育肥效果最好。遗传性能稳定，日增重快，饲料转化率高。

② 性别。一般选择公牛，也可选择阉牛和膘情中等的淘汰母牛。性别对牛育肥性能的影响主要表现在牛的生长速度和饲料转化率方面，公牛要明显高于阉牛和母牛。母牛肉鲜美，肌纤维纤细，胴体脂肪较多，大理石状花纹明显，但增重速度不如公牛、阉牛。青年公牛有较高的生产速度和饲料转化率，瘦肉率、屠宰率和净肉率也均高于母牛和阉牛，在同一育肥条件下，公牛比阉牛增重速度高 10% ~ 13%，阉牛比母牛高 10%。因此，选购架子牛时应尽量选未去势的公牛，以提高育肥效果。

③ 年龄。牛的增重速度、胴体质量、饲料转化率等和年龄有着密切的关系。年龄较小的牛增重主要靠肌肉、骨骼和各种器官的生长增加体重，饲料中粗饲料可占较高的比例，饲养成本低，饲养期短，经济效益

相对较高；年龄大的牛则主要依靠沉积脂肪增加体重。架子牛的年龄最好是 12～18 月龄，经过 2～6 个月育肥，就能达到出栏屠宰。

④ 体重。架子牛育肥前的体重最好控制在 250～350 千克，一般以 300 千克左右最好，经过 5～7 个月短期强度育肥，体重可达 500～600 千克，这一体重标准也是肉牛出栏的最佳体重。

⑤ 体形外貌。选择具有肉牛特征的牛育肥。外形基本上反映出生产性能，要求身体紧凑匀称、体宽而深、四肢正立、牛体呈长方形。

⑥ 价格。架子牛一般是从甲地购买，到乙地育肥，称为"异地育肥"，因此，应低价买进，高价出栏。

⑦ 健康状况。对要买的牛进行认真检查，一是皮毛是否光泽有弹性，二是鼻镜是否湿润。育肥的架子牛体形要大，要求肩部宽平、胸宽深、背腰平直而宽广、腹部圆大、肋骨弯曲、臀部宽大、头大、鼻孔大、嘴角大而深、鼻镜宽大湿润、下颚发达、眼大有神、被毛细而亮、皮肤柔软而疏松并有弹性。这样的牛生长速度快，育肥效果好。

2）饲喂技术。一般采用分阶段育肥，即分为过渡饲养期（10～15 天），育肥前期（15～65 天），育肥后期（65～120 天）。

① 过渡饲养期。刚进场的牛要有 15 天左右适应环境和饲料。日粮以粗饲料为主，先饲喂干草，逐渐增加青贮饲料。少量添加精饲料，每头每天饲喂 0.5 千克精饲料，与粗饲料拌匀后饲喂，饲喂量逐渐增加到体重的 1%～1.2%，尽快完成过渡期。

② 育肥前期。干物质采食量逐步达到 8 千克，日粮粗蛋白质含量为 12%，精、粗饲料比为 55:45，预计日增重为 1.2～1.4 千克。

③ 育肥后期。干物质采食量为 10 千克，日粮粗蛋白质含量为 11%，精、粗饲料比为 65:35，预计日增重为 1.5 千克以上。饲喂时，一般采用先粗后精的原则，先将青贮饲料添入槽内让牛自由采食一段时间（约 30 分钟），再加入精饲料，并与青贮饲料充分拌匀，最大限度让牛吃饱。采用全混合日粮饲喂时，精、粗饲料必须充分混合。

3）管理要点。

① 登记建档。架子牛进场后，要及时建立个体档案，便于管理。一般在入场时对牛的品种、年龄、体重、来源、进场日期等项目进行登记，建立档案。在育肥过程中，要记录增重、用料、用药、疾病诊治等重要

数据。

② 充分饮水。自由饮水或每天饮水不少于 3 次，冬季饮温水。

③ 驱虫健胃。在架子牛过渡期用阿苯达唑一次口服，剂量为每千克体重 10 毫克；体外寄生虫可用 2%～4% 杀灭菊酯。驱虫 3 天后，可每头每次用大黄苏打片 50～80 片，每天 2 次，连用 2 天，然后用中草药健胃散每头 500 克，连用 2 天。

④ 分群。按体重、品种膘情合理分群，佩戴耳标。围栏饲养时，育肥期最多每群 15 头，以 6～8 头组小群为最佳，并相对稳定，在育肥期每个小群只能出，不再进牛。

⑤ 饲喂次数。育肥前期每天喂 2～3 次，中间隔 6 小时，后期可自由采食。

⑥ 保持牛舍干燥卫生。进牛前牛舍必须清扫干净，用 2%～4% 氢氧化钠彻底喷洒消毒，待干燥后进牛。

⑦ 观察与称重。在育肥期要观察每头牛的反刍、精神状态和粪便等情况，发现异常及时处理。育肥期每 30 天称重 1 次，方法是在早晨空腹时，连续称重 2 次，取其平均值为一次称重，推算日增重，并根据日增重调整日粮配方，使日增重保持在 800～1200 克。根据牛的生长及采食剩料情况及时调整日粮，增重太慢的牛需尽快淘汰。膘情达一定水平（500 千克以上）、增重速度减慢时应及时出栏。

3. 成年牛育肥

成年牛育肥主要是指未去势公牛、3 岁以上的去势牛和各类淘汰母牛的短期育肥，这类牛无法生产出优质的高档牛肉，多用于单纯的育肥场或农户育肥。这是以追求出栏时牛的架子和体重大，出售育肥活牛为主，供应中低端市场为目标的肉牛育肥。成年牛育肥一般采用强度育肥法，即在 80～100 天内达到育肥出栏的目的，育肥期不宜超过 4 个月，尤其是强度育肥期，一般控制在 50～60 天为宜。

（1）架子牛的选择

1）健康检查。认真检查口腔、牙齿是否完好；仔细观察咀嚼、粪便、排尿、四肢等，体躯过短、窄背弓腰、尖尻、体况瘦弱者不宜。

2）妊娠检查。对淘汰母牛应进行妊娠检查，确定是否妊娠，再决定是否采购。

（2）饲喂技术　采用玉米秸秆青贮、酒糟等农作物秸秆为主；补充精饲料高能量日粮，净能达到每天 30 兆焦以上，精饲料比例由 20%逐渐增加到 50%，能量饲料以玉米为主，以提高日增重和改善体形为主。

1）恢复期（10~15 天）。日粮以优质青干草、麦草为主，少量的青贮饲料，饮水充足，第 1 天不给精饲料，第 2 天给少量麸皮，3 天后精饲料维持原农户或场的饲喂量。并完成防疫、驱虫和隔离观察。

2）过渡期（15~20 天）。逐步实现由原粗饲料型向精饲料型转变。待架子牛恢复体况并适应后，减少青干草饲喂量，增加青贮饲料和酒糟饲喂量，每头每天喂粗饲料 15 千克左右；精饲料中粗蛋白质含量保持在 10%~12%，添加 0.5%碳酸氢钠，精饲料喂量逐渐增加到每头每天 4 千克。

3）催肥期。在此阶段停喂青干草以节省成本，以青绿多汁的青贮饲料、酒糟为主，不限制采食，后期酒糟最大饲喂量可达每头每天 20 千克，青贮饲料保持 8~15 千克，并给少量麦草、稻草，饲喂量为每头每天 3 千克，起到调节胃肠酸碱度和刺激胃肠蠕动的作用；逐渐增加精饲料，以每头每周增加精饲料 1~2 千克，精饲料中粗蛋白质含量保持在 8%~10%，添加 1.0%碳酸氢钠，精饲料逐渐稳定在每头每天 4~6 千克至出栏。

（3）管理要点

1）充分饮水。自由饮水或每天饮水不少于 3 次，冬季饮温水。拴养时，在白天饲喂结束后清扫饲草，加满饮水。

2）驱虫、健胃。阿苯达唑一次口服，剂量为每千克体重 10 毫克，阿维菌素每千克体重肌内注射 0.2 毫升；间隔 1 周再驱虫 1 次。用大黄碳酸氢钠片或中草药进行健胃调理。

3）分群、定槽。按品种、体格大小、强弱分群，围栏饲养，育肥期每群最多 15 头，以 6 头组小群为最佳，并相对稳定，在育肥期每小群不再进牛，围栏面积为 12~18 米²。对拴养牛，固定槽位，一般缰绳长 35 厘米。

4）饲喂次数。育肥前期每天饲喂 2~3 次，中间隔 6 小时，后期可自由采食。拴养育肥在 21:00 添槽，保持夜间牛有饲草采食。

5）防止打斗。对拴养牛，特别是未去势育肥牛，夜间必须有人值班，防止脱缰、打斗，而造成伤害、应激，以及不必要的牛或人身事故。

6）勤观察。防止牛缰绳缠住牛腿，或缰绳拉损牛头皮肤，造成感染。

7）补充维生素和矿物质。饲喂秸秆、酒糟为主的饲草必须注意添加维生素 A、维生素 D、微量元素。

第六节　牛群养殖档案和生产计划管理

一、牛群养殖档案管理

牛群养殖档案是牛场工作人员在从事生产、兽药饲料等使用、消毒、免疫、诊疗、防疫监测、病死畜无害化处理等各项活动中形成的具有保存价值的数字记录，它是牛群管理最基础、最基本的项目。《中华人民共和国畜牧法》第四十一条规定，畜禽养殖场应当建立养殖档案，载明以下内容：（一）畜禽品种、数量、繁殖纪录、标识情况、来源和进出场日期；（二）饲料、饲料添加剂、兽药等投入品的来源、名称、使用对象、时间和用量；（三）检疫、免疫、消毒情况；（四）畜禽发病、死亡和无害化处理情况；（五）畜禽粪污收集、储存、无害化处理和资源利用化情况；（六）国务院畜牧兽医行政主管部门规定的其他内容。

1. 建立牛群养殖档案的意义

建立牛群养殖档案，是把肉牛场生产管理当中真实的数据记录下来，通过对这些数据的统计、分析、总结、研究，使管理者对生产有一个全面、系统、详细、深入的了解，为总结经验、规划生产、科学决策奠定坚实基础。同时，也为政府对重大动物疫病实施有效防控，依法科学使用饲料、兽药，切实保障畜产品品质和安全提供有效监管和追溯依据。所以，档案管理无论对企业还是对政府管理部门而言，都具有十分重要的意义。

2. 牛群养殖档案管理的内容

（1）牛场管理档案　包括牛场名称、单位地址、养殖种类、存栏量、负责人、畜禽养殖场有关情况简介、畜禽标识代码、动物防疫合格证编号、种畜禽生产经营许可证编号、养殖场平面图等。

（2）**牛场免疫程序** 根据当地疫病流行情况和牛场疫病监测情况科学制订本场的免疫程序并存入养殖档案。

（3）**生产记录** 包括圈舍号，出生、调入、调出和死亡淘汰的变动情况等。表5-6为牛群周转记录表。

表5-6 牛群周转记录表

圈舍号	时间	变动情况（数量）				存栏数	备注
		出生	调入	调出	死亡淘汰		

（4）**饲料、饲料添加剂和兽药使用记录** 主要记录开始使用时间、投入产品名称、生产厂家、批号及生产日期、用量、停止使用时间等。养殖场外购的饲料应在备注栏注明原料组成；养殖场自加工的饲料在生产厂家栏填写自加工，并在备注栏写明使用药物饲料添加剂的详细成分。表5-7为饲料、饲料添加剂和兽药使用记录表。

表5-7 饲料、饲料添加剂和兽药使用记录表

开始使用时间	投入产品名称	生产厂家	批号及加工日期	用量	停止使用时间	备注

（5）**消毒记录** 主要记录消毒日期、消毒场所、消毒药名称、用药剂量、消毒方法及操作人员等。表5-8为牛场消毒记录表。

表5-8 牛场消毒记录表

消毒日期	消毒场所	消毒药名称	用药剂量	消毒方法	操作员签字

（6）**免疫记录** 主要填写免疫日期、圈舍号、存栏数量、免疫数量、疫苗名称、疫苗生产厂、疫苗批号（有效期）、免疫方法、免疫剂量、免疫操作人员。另外，对于本次免疫中未免疫的牛要记录耳标号。表5-9为牛场免疫记录表。

表5-9 牛场免疫记录表

免疫日期	圈舍号	存栏数量	免疫数量	疫苗名称	疫苗生产厂	疫苗批号（有效期）	免疫方法	免疫剂量	免疫操作人员	备注

（7）**诊疗记录** 主要记录诊疗时间、牛号、圈舍号、月龄、发病数、病因、诊疗人员、用药名称、用药方法等。表5-10为诊疗记录表。

表5-10 诊疗记录表

诊疗时间	牛号	圈舍号	月龄	发病数	病因	诊疗人员	用药名称	用药方法	诊疗结果

（8）**防疫监测记录** 主要记录采样日期、圈舍号、采样数量、监测项目、监测单位、监测结果（阴、阳性头数）、处理情况等。表5-11为防疫监测记录表。

表5-11 防疫监测记录表

采样日期	圈舍号	采样数量	监测项目	监测单位	监测结果	处理情况	备注

（9）病死畜无害化处理记录　主要记录日期、数量、处理或死亡原因、牛号、处理方法、处理单位（或责任人）等。表5-12为病死畜无害化处理记录表。

表 5-12　病死畜无害化处理记录表

日期	数量	处理或死亡原因	牛号	处理方法	处理单位（或责任人）	备注

（10）牛个体养殖档案　养殖档案管理基本内容包括牛号、系谱、出生日期及生长发育记录、繁殖记录、生产性能记录和调运记录等。

1）系谱档案。包括个体编号及父母、祖父母、外祖父母、曾祖父母、曾外祖父母牛号；各个生长发育阶段的体重、体尺数据；体形鉴定评分；线性鉴定评分；配种妊娠妊情况、流产、产犊情况。

2）生长发育记录。记录后备牛不同发育阶段体重、体尺等生产性能指标，用于判断后备牛的生长发育情况。表5-13为生长发育记录表

表 5-13　生长发育记录表

畜主姓名（场、站名）：_____　　所在地：_____

畜主编号（场编号）：_____　　记录员：_____

牛号	体重/千克	体重测定日期	体尺/厘米						体尺测量日期
			体高	十字部高	体斜长	胸围	腹围	管围	

3）繁殖记录。主要包括母牛号、犊牛号、胎次、分娩日期、与配公牛号、流产、难产等记录。表5-14为母牛配种记录表，表5-15为母

第五章

牛产犊记录表。

表5-14　母牛配种记录表

畜主姓名（场、站名）：＿＿＿＿＿＿　所在地：＿＿＿＿＿＿
畜主编号（场编号）：＿＿＿＿＿＿　记录员：＿＿＿＿＿＿

母牛号	母牛品种	毛色特征	第一次配种时间	与配公牛号	第二次配种时间	与配公牛号	第三次配种时间	与配公牛号	预产期

表5-15　母牛产犊记录表

畜主姓名（场、站名）：＿＿＿＿＿＿　所在地：＿＿＿＿＿＿
畜主编号（场编号）：＿＿＿＿＿＿　记录员：＿＿＿＿＿＿

母牛号	母牛品种	产犊日期	胎次	犊牛号	犊牛性别	犊牛出生重	犊牛毛色	产犊难易度				备注（是否双胎等）
								顺产	助产	引产	剖腹产	

4）生产性能记录。例如，乳肉兼用牛包括各胎次305天产奶量、总产奶量、加权平均乳脂率、加权平均乳蛋白率和体细胞等。

5）出售记录。主要记录牛号、月龄、数量、销售或调往单位名称及电话号码、免疫情况、检疫员姓名、检疫证号码等。作为能繁母牛出售的，还要附带系谱等资料。

6）购牛记录。主要记录牛号、购进品种、数量、售出单位及地址、免疫情况、检疫员姓名、检疫证号、消毒证号、牛号、是否附带系谱等。

7）离场去向。主要记录日期、原因、体重等。

二、生产计划管理

生产计划管理是肉牛场的重要管理内容。管理层根据生产计划指挥和组织生产，使各个生产环节衔接配套、综合协调、高效运转，顺利完成制定的年度生产任务。常用的生产计划有牛群配种产犊计划、牛群周转计划、饲料计划、产肉计划、财务预算计划等。

1. 牛群配种产犊计划

合理组织牛群配种产犊计划，减少空怀、不孕牛是牛场各生产计划的基础，是制订牛群周转计划的重要依据。制订本计划可以明确计划年度各月份参加配种的成年母牛、头胎牛和育成牛的数量及各月的分布，以便做到计划配种和生产。

肉牛配种产犊计划是按预期要求，使母牛适时配种、分娩的一项措施，又是编制牛群周转计划的重要依据。编制配种产犊计划，不能单从自然生产规律出发，配种多少就分娩多少，而是要在全面研究牛群生产规律和经济要求的基础上，搞好选种选配，根据开始繁殖年龄、妊娠期、产犊间隔、生产方向、生产任务、饲料供应、牛舍设备、饲养管理水平等条件，确定大批配种分娩的时间和数量，编制配种产犊计划。母牛的繁殖特点为全年分散交配和分娩，季节性特点不明显。所谓的按计划控制产犊，就是先确定分娩期再确定配种期，把母牛分娩的时间放到最适宜产肉季节，有利于提高产肉量。例如，我国南方地区通常控制在 6 ~ 8 月的母牛的分娩率不超过 5%，即控制 9 ~ 11 月的配种数量，目的就是使母牛避开炎热季节产犊；北方寒冷地区母牛适宜在 3 ~ 5 月产犊，以避开在寒冷季节产犊，而且犊牛出生后天气逐渐暖和，易饲养；同时尽量做好配种计划，减少春节、青贮制作期间产犊的数量，避免因人员精力不足造成新生犊牛伤亡。

可以结合牛场上年度母牛分娩、配种记录，牛场前年和上年所产育成母牛的出生日期，计划年度内预计淘汰的成年母牛和育成母牛的数量及时间等来编制配种产犊计划表（表5-16）。

表 5-16　配种产犊计划表

月份		1	2	3	4	5	6	7	8	9	10	11	12
上年受胎母牛头数	成年母牛												
	育成母牛												
	合计												

（续）

月份		1	2	3	4	5	6	7	8	9	10	11	12
本年产犊母牛头数	成年母牛												
	育成母牛												
	合计												
本年配种母牛头数	成年母牛												
	头胎母牛												
	育成母牛												
	复配母牛												
	合计												
估计情期受胎率（%）													

2. 牛群周转计划

牛群周转计划是反映牛群再生产的计划，是肉牛自然再生产和经济再生产的统一。牛群在一年内，由于出生、成长、购入、出售、淘汰、死亡等原因，常发生数量上的增减变化。为了掌握牛群的变动趋势，有计划地进行生产，牛场应在编制繁殖计划的基础上编制牛群周转计划。这样有助于落实生产任务，并为编制饲料、用工、投资、产量等计划及确定年终的牛群结构提供依据。编制牛群周转计划的方法如下：

1）根据年初实际牛群结构，计划期内的生产任务和牛群扩大再生产要求，确定计划年末牛群结构。

2）根据牛群繁殖计划，确定各月母牛分娩头数及产犊数。

3）根据成年母牛使用年限、体质情况和生产性能，确定淘汰牛头数和淘汰日期。

4）在编制周转计划时，应考虑到部分犊牛或育成牛死亡、淘汰、出售的数量。根据繁殖计划及牛群中的犊牛和育成牛数量，先留足牛场更新用的牛数，再确定出售部分的数量和出售时间。

5）牛群结构及年周转计划必须考虑肉牛场的性质。在一般情况下，以育种为目的的肉牛场，成年母牛在牛群中的比例不宜大于50%。

6）将以上因素确定好后，进行牛群周转计划表的编制与填写（表5-17）。

表5-17　牛群周转计划表

月份	母犊牛							育成母牛							成年母牛						
	期初	增加		减少			期末	期初	增加		减少			期末	期初	增加		减少			期末
		繁殖	购入	转出	出售	淘汰			繁殖	购入	转出	出售	淘汰			繁殖	购入	转出	出售	淘汰	
1																					
2																					
3																					
4																					
5																					
6																					
7																					
8																					
9																					
10																					
11																					
12																					

第五章

163

3. 饲料计划

饲料是肉牛场最大的一项支出，占生产总成本的60%～70%，直接影响牛场的经济效益。为了保证饲料及时供应，提高资金周转率，牛场应按饲养年度制定切实可行的饲料计划，尤其是青贮种植、收购计划，这是保证牛场饲料供应的关键。

制定饲料计划的步骤与方法：

1）根据牛群周转计划，计算计划年度内各月及全年各类牛群的饲养天数，以肉牛营养需要和饲养管理规范等为依据确定采食量。

2）根据本场出栏计划、贮存加工条件、饲料资源、饲料种植情况、原料价格等因素，确定计划年度需要采购的饲料种类。

3）根据各类牛群饲料定额、每天饲养头数，计算计划年度各月及全年的各种饲料的需要量。

4）对各类牛群需要的饲料总数进行汇总，再增加5%～10%的损耗量。将计算结果填入相应的表中，按月、按年、按饲料种类分别统计、汇总。

5）根据本场饲料自给程度、贮存加工条件、饲料来源等制定各类饲料的种植计划和采购计划。表5-18为饲料计划统计表。

表5-18　饲料计划统计表

牛群种类	饲养头数	日采食量/千克					月采食量/千克					年采食量/千克				
		青干草	青贮饲料	精饲料	补加饲料	其他	青干草	青贮饲料	精饲料	补加饲料	其他	青干草	青贮饲料	精饲料	补加饲料	其他
犊牛																
育成母牛																
成年母牛																
育肥公牛																

4. 产肉计划

产肉计划是促进生产、改善经营管理的一项重要措施。产肉计划必须根据牛群周转计划提供的育肥牛数量、牛群组别、时间及育肥完毕后每头平均活重等制定。表 5-19 为产肉计划表。

表 5-19　产肉计划表

类型	计划年内各月育肥头数/头												全年总计头数/头	育肥期/天	平均每头活重/千克	活重总计/千克
	1	2	3	4	5	6	7	8	9	10	11	12				
犊牛育肥																
育成牛育肥																
成年牛育肥																

5. 财务预算计划

（1）支出预算　肉牛场支出 = 犊牛购进支出 + 饲料支出 + 兽药支出 + 工资支出 + 水电费 + 设备维修费 + 固定资产折旧费 + 管理费 + 销售费 + 保险费。

财务支出必须认真填写凭证，并由经手人、主管领导签字方可报销，购买物品必须有统一发票。牛场各部门及时进行财务处理，登记相应的账簿，定期与有关部门对账，保证双方账项一致。

（2）收入预算　肉牛场收入 = 犊牛销售收入 + 育肥牛销售收入 + 粪便销售收入。

销售部门根据形成收入的确定标准及时开具发货票，由财务部门编制会计记账凭证，登记有关收入和与客户应收款的会计账簿，同时定期核对，保证双方账项一致。

（3）效益预算　效益预算 = 收入 - 支出。

（4）提高牛场经济效益的若干措施

1）选择适宜的品种。要考虑生产目的、生产性能和消费者需求选择适宜的品种。

2）加强牛的饲养管理。制定最佳饲料配方，满足牛的营养需要，提高饲料转化率，降低饲料成本消耗。搞好牛的环境控制，夏季注意防暑降温，冬季注意保暖等。

3）适时出栏，加快周转。在生产中，可以比较不同饲养方式的经济效益，选择最佳方式，确定适宜出栏时间。

4）各生产环节实施承包责任制。充分调动饲养管理人员的积极性，从而实现增加生产、减少费用消耗、达到节本增效的目的。

5）加强管理，节省开支。做好生产管理、财务管理、物资管理及产品销售等管理工作，节省各种费用，如节省接待费和折旧费，提高固定资产和农机具的利用率，减少利息开支等。

第六章 肉牛常见病防治关键技术

第一节 健康指标

在漫长的进化过程中，肉牛不断适应各地的自然条件，经过长期的自然选择和人工选择，逐渐形成了不同于其他动物的健康指标。掌握肉牛的这些健康指标，有助进行科学的饲养管理和疫病防控，提高生产性能和经济效益。

一、生理指标

1. 血液生理指标

肉牛血液生理指标见表6-1。

表6-1　肉牛血液生理指标

指标	初生	6月龄	12月龄	24月龄	成年母牛
血重占活重（%）	10.3	7.7	8.0	7.3	8.2
红细胞数/（10^{12}个/升）	9.24	7.63	7.43	7.37	7.72
白细胞数/（10^9个/升）	7.51	7.61	7.92	7.35	6.42
血红蛋白含量/（克/升）	114	124	118	112	110

2. 心率、脉搏、呼吸频率和直肠温度

（1）心率　70~80次/分钟（初生），40~60次/分钟（2岁），60~80次/分钟（成年母牛），40~60次/分钟（成年公牛）。

（2）脉搏　80~100次/分钟（犊牛），40~80次/分钟（成年牛）。

（3）呼吸频率　30~56次/分钟（犊牛），10~20次/分钟（成年牛）。

（4）直肠温度　38.5~39.8℃（犊牛），38~39.5℃（成年牛）。

3. 反刍

健康牛采食后 30～50 分钟出现反刍，一昼夜反刍 4～8 次，每次反刍持续 40～50 分钟。

二、温度指标

肉牛的耐寒能力较强，耐热能力较差，适宜环境温度范围为 10～21℃。气温过低，机体将提高代谢强度，增加热量产生以维持体温，饲料的消耗增加；气温过高，生产性能会降低。

三、湿度指标

在高温环境下，湿度升高，会阻碍牛体蒸发散热，加剧热应激；在低温环境下，湿度较高，会使牛体散热量加大，增加机体能量消耗。空气相对湿度以 50%～70% 为宜，适宜的环境湿度有利于肉牛更好地发挥其生产潜力。

四、疾病指标

1. 鼻镜

健康牛的鼻镜有汗珠，分布均匀。病牛的鼻镜干燥起壳，严重时有龟裂纹。

2. 牛舌

健康牛的牛舌光滑红润，舌苔正常，伸缩有力。病牛的牛舌不灵活，舌苔厚而粗糙无光，多为黄、白、褐色。

3. 口腔

健康牛的口腔黏膜浅红，温度正常，无臭味。病牛的口腔黏膜浅白、流涎，或潮红、干涩，有恶臭味。

4. 两耳

健康牛的两耳摆动灵活，时而摇动，手触温暖。病牛头低、耳垂，耳不摇动，两耳根过冷或过热。

5. 双眼

健康牛的两眼有神，目光炯炯，视觉灵敏，反应迅速。病牛的两眼无光，反应迟钝。

6. 皮毛色泽

健康牛的毛色光亮油滑，皮肤富有弹性。病牛的皮毛粗糙，无光泽。

第二节　肉牛场（舍）消毒

消毒是消灭被传染源散播于外界环境的病原体，以切断传播途径，阻止疫病继续蔓延。消毒工作的好坏，直接影响肉牛得病概率和牛场的经济效益。因此，掌握基本消毒知识并做好牛场消毒工作非常重要。

一、常用消毒方法

1. 机械性消毒

用清扫、洗刷、通风、过滤等机械方法清除存在于环境中的病原体，此法简单易行，且最为常用，但不能达到彻底消毒的目的，作为一种辅助方法，应与其他消毒方法配合进行。

2. 物理消毒

采用高温、阳光、紫外线、干燥等方法，杀灭细菌和病毒。高温是最常使用的物理消毒方法，且效果较好。阳光是天然的消毒剂，紫外线可使病原微生物的核酸和蛋白质变性，因此，应尽量利用阳光，对牛舍、运动场、用具及物品等进行照射消毒。焚烧是最彻底的消毒方法，常用于病畜尸体、污染废弃物等的消毒。

3. 化学消毒

在日常防疫工作中，通常使用化学药物来进行消毒，即化学消毒。

二、消毒程序

1. 定期消毒

每天打扫牛舍，保持牛舍卫生整洁，牛舍及运动场每月消毒 2～3 次，牛舍内用具每周消毒 1 次，生产区、生活区及管理区每月消毒 1 次。牛场门口及生产区入口处消毒池内消毒液要经常更换，保持有效浓度。

2. 临时性消毒

牛群中检出结核病、布鲁氏菌病或其他疫病牛后，相关牛舍、运动场及用具须进行临时性消毒。牛场转群或出栏净场后，要对整个圈舍及用具进行一次彻底消毒。

三、常用的消毒剂及使用方法

（1）氢氧化钠　氢氧化钠又称苛性钠、烧碱，为白色、黄色的块状或粉末，能杀死细菌和病毒，常用浓度为 1%～5%。1%～2% 氢氧化钠溶液用于消毒圈舍、饲槽、用具、运输工具等；2%～5% 氢氧化钠热溶液，多用于发生过病毒性传染病的圈舍、场地的消毒。氢氧化钠溶液对金属物品有腐蚀作用，消毒完毕要用清水冲洗干净；对皮肤、被毛、衣物有强腐蚀和损坏作用，使用时要做好自身防护。

（2）生石灰　生石灰与水混合后形成氢氧化钙，并产生热量。通常配成 10%～20% 混悬液对场区地面及墙面进行消毒。另外生石灰也经常用于粪尿、尸体消毒。

（3）过氧乙酸　过氧乙酸是强氧化剂，能杀死细菌、真菌、芽孢和病毒。消毒时可配成 0.2%～0.5% 溶液，对牛舍、饲槽、用具、车辆、地面及墙壁进行喷雾消毒，可带牛消毒。本品低浓度溶液会氧化分解，应现用现配。本品对金属有腐蚀性，消毒完毕要用清水冲洗干净。

（4）碘类消毒剂　碘类消毒剂有强大的杀菌、杀病毒和杀霉菌作用，是一种安全、广谱、高效、优质的消毒剂。适用于牛场圈舍、用具、车辆、地面及墙壁的喷雾消毒，可带牛消毒。

（5）戊二醛　戊二醛属广谱、高效消毒剂，可有效杀灭各种微生物，对杀灭病毒效果更佳。在安全浓度下，具有刺激性小、腐蚀性低、安全低毒的特点。适用于牛场圈舍、车辆、地面及墙壁的喷雾消毒。

（6）新洁尔灭　新洁尔灭属季铵盐类阳离子表面活剂，既有清洁作用，又有抗菌消毒功效，特点是对动物组织无刺激性、作用迅速、毒性较小、对金属及橡胶无腐蚀性。0.05%～0.1% 溶液用于人员洗手消毒；0.1% 溶液可用于器械、用具的消毒；0.5%～1% 溶液用于手术的局部消毒。

（7）百毒杀　百毒杀属双链季胺酸盐类消毒剂，具有性质比较稳定、无刺激性、无腐蚀性等特点。能够迅速杀灭细菌、真菌、病毒、霉菌和藻类等，可带牛消毒，药效可持续 10 天左右。适用于牛场圈舍、用具及环境的喷雾消毒，也可用于饮水消毒。

目前，很多市面流通的消毒剂种类繁杂，但购买使用消毒剂时要看主要成分，按照主要成分分类使用。

四、消毒注意事项

1. 选择适宜的消毒剂

根据牛场内不同的消毒对象、要求及环境条件，有针对性地选择经兽药监察部门批准生产、对病原敏感的消毒剂。不同种类消毒剂交替使用，效果更佳，因为长期使用单一品种，会使病原体产生耐药性。

2. 选择适宜的消毒方法

根据不同的消毒环境、对象，选择可高效杀灭的消毒方法。如喷雾、刷拭、撒布、冲洗等。

3. 选择科学的配制浓度

一般的化学消毒剂，因其规格、剂型、含量不同，不能直接用于消毒，需稀释后使用。消毒剂溶液浓度越高，消毒效果越好，对活组织的毒性也越大。当浓度达到一定程度后，消毒剂的效力就不再增加。因此，使用前要按说明书要求，配制有效和安全的杀菌浓度。

4. 其他注意事项

1）消毒前应彻底清除有机污物、杀虫灭鼠，保证消毒效果。

2）掌握消毒剂的化学性质，避免同时使用化学性质相反的消毒剂。

3）消毒剂的杀菌效力与作用时间和温度呈正相关，与病原微生物接触并作用时间越长、温度越高，消毒效果越好。

第三节 常规免疫

免疫接种是指给动物接种疫苗或免疫血清，使动物机体自身产生或被动获得对某一病原微生物的特异性抵抗力。通过免疫接种，提高肉牛对传染病的抵抗力，预防疾病发生。牛场应根据本场、本地区疫病发生的种类、季节和流行情况，制定科学的免疫程序，适时进行免疫接种，这是预防肉牛传染病的有效措施。

一、免疫接种类型

1. 预防接种

预防接种指在经常发生某些传染病的地区或有某些传染病潜在的地区或受到临边地区传染病威胁的地区，为了预防该传染病的发生和流行，在平时有计划地给健康动物进行的免疫接种。

2. 紧急接种

紧急接种指在发生传染病时，为了迅速控制和扑灭传染病的流行，而对受威胁及周围的动物紧急接种该疫病的疫苗。

3. 临时接种

临时接种指在调运动物时，为了避免在运输途中或到达目的地后发生传染病而进行的预防性免疫接种。

二、免疫程序

免疫程序是正确使用疫苗来控制疾病的关键，只有科学制定免疫程序，才能够达到防控疫病的目的。免疫程序随着季节、气候、疫病流行情况、生产过程的变化而变化，牛场应根据自身实际情况制定适合本场的免疫程序，并确保能动态执行。表6-2为肉牛常用免疫程序。

表6-2　肉牛常用免疫程序

类型	接种日龄或时间	疫苗名称	接种方法	免疫期及备注
犊牛	5日龄	牛大肠杆菌灭活疫苗	肌内注射	可作自家苗
	80日龄	气肿疽灭活疫苗	皮下注射	7个月
	150日龄	口蹄疫O型、亚洲I型二价灭活疫苗	肌内注射	6个月，可能有反应
	180日龄	气肿疽灭活疫苗	皮下注射	7个月
	200日龄	布鲁氏菌活疫苗（S2株）	口服	2年
	240日龄	牛巴氏杆菌病灭活疫苗	皮下或肌内注射	9个月，犊牛断奶前禁用
	270日龄	牛羊厌氧氢氧化铝灭活疫苗	皮下或肌内注射	6个月，可能有反应
	330日龄	牛焦虫细胞苗	肌内注射	6个月，最好每年3月接种

（续）

类型	接种日龄或时间	疫苗名称	接种方法	免疫期及备注
成年牛	每年 3 月	口蹄疫 O 型、亚洲 I 型二价灭活疫苗	肌内注射	6 个月，可能有反应
		牛巴氏杆菌病灭活疫苗	皮下或肌内注射	9 个月
		牛羊厌氧氢氧化铝灭活疫苗	皮下或肌内注射	6 个月，可能有反应
		气肿疽灭活疫苗	皮下注射	7 个月
		牛焦虫细胞苗	肌内注射	6 个月
		破伤风抗毒素	皮下、肌内或静脉注射	12 个月
	每年 9 月	口蹄疫 O 型、亚洲 I 型二价灭活疫苗	肌内注射	6 个月，可能有反应
		牛巴氏杆菌病灭活疫苗	皮下或肌内注射	9 个月
		气肿疽灭活疫苗	皮下注射	7 个月
		牛羊厌氧氢氧化铝灭活疫苗	皮下或肌内注射	6 个月，可能有反应
	每年 1 次	布鲁氏菌活疫苗（S2 株）	口服	2 年

三、常用疫苗及使用方法

1. 口蹄疫疫苗

用于预防牛口蹄疫。口蹄疫 O 型、亚洲 I 型二价灭活疫苗较为常用。用法用量：肌内注射，每头 2 毫升。免疫期为 4~6 个月，2~8℃保存时间为 12 个月。

2. 布鲁氏菌活疫苗

用于预防牛布鲁氏菌病。用法用量：口服，每头 5 头份，妊娠母牛口服后不受影响，牛群每年接种 1 次。免疫期为 24 个月，2~8℃保存时间为 12 个月。

3. 牛羊厌氧氢氧化铝菌苗

用于预防牛猝死症。用法用量：皮下或肌内注射，每头 5 毫升。本品用时摇匀，切勿冻结。病、弱肉牛禁用。

4. 气肿疽灭活疫苗

用于预防牛气肿疽。用法用量：皮下注射，每头 5 毫升。生效期为 10 ~ 20 天，免疫期为 6 个月。

5. 牛巴氏杆菌病灭活疫苗

用于预防牛巴氏杆菌病（牛出血性败血症）。用法用量：皮下或肌内注射，体重为 100 千克以下的牛，注射 4 毫升；100 千克以上的牛，注射 6 毫升。生效期为 21 天，免疫期为 9 个月。

6. 牛焦虫细胞苗

用于预防牛环形泰勒焦虫病。用法用量：肌内注射，每头 1 毫升。免疫期为 1 年。

7. 破伤风抗毒素

用于预防破伤风。用法用量：皮下、肌内或静脉注射，3 岁以下，每头 3000 ~ 6000 国际单位；3 岁以上，每头 6000 ~ 12000 国际单位。接种后 1 个月产生免疫力，免疫保护期为 1 年。当发生创伤、手术、去势时，可临时再接种 1 次。

8. 牛肺疫活菌苗

用于预防牛肺疫（牛传染性胸膜肺炎）。用 20% 氢氧化铝胶生理盐水稀释液稀释，为氢氧化铝菌苗；用生理盐水稀释，为盐水菌苗。用法用量：氢氧化铝菌苗臀部肌内注射，成年牛 2 毫升，免疫期为 6 ~ 12 个月，犊牛 1 毫升；盐水菌苗尾端皮下注射，成年牛 1 毫升，6 ~ 12 个月小牛 0.5 毫升。免疫保护期为 1 年。

四、免疫接种准备工作

1. 准备好接种所需免疫物品

准备好疫苗、稀释液、器械及其他药品等。

1）检查疫苗外观，疫苗中若有其他异物、瓶体有裂纹或封口不严、变质者不得使用。

2）详细阅读说明书，了解疫苗的用途、用法、用量和注意事项等。

3）疫苗使用前，应从贮存容器中取出，放置于室温（20℃ 左右）进行预温。

4）一般情况下，冻干活疫苗需稀释后使用。按照疫苗说明书规定头份，用专用的稀释液（无专用稀释液的可用注射用水或生理盐水）进行稀释。如果需免疫接种的牛数量较多，疫苗瓶容量不够，可转移至经消毒的较大容器中。

5）需免疫接种的牛数量较少时，可选用金属注射器，一般容量有10毫升、20毫升、30毫升、50毫升等规格。优点是轻便、耐用、装量较大；缺点是每注射1头牛，需调整1次计量螺栓刻度。需免疫接种的牛数量较多时，可选用连续金属注射器，一般最大注射量为2毫升，优点是轻便、精准、效率高，注射剂量设定1次即可。需要注意，注射过程中要经常检查玻璃管内是否存在空气，有空气立即排空，否则会影响注射剂量。

6）准备急救药品。准备好0.1%盐酸肾上腺素、地塞米松磷酸钠、5%葡萄糖注射液等。

2. 做好人员消毒和防护

免疫接种人员使用新洁尔灭等对皮肤没有损害的消毒液洗手，穿戴好工作服、胶靴、一次性手套、口罩等。进行布鲁氏菌病免疫接种时最好佩戴护目镜。

3. 注意观察待接种牛的健康状况

为了保证免疫接种牛安全及接种效果，接种前应了解待接种牛的健康状况。病牛、瘦弱牛、妊娠后期母牛及断奶前犊牛不接种或暂缓接种。

五、免疫接种操作

免疫时一般采用皮下注射、肌内注射、口服三种接种方式。

1. 皮下注射

用颈枷或鼻钳等保定牛，在颈侧中段1/3部位，选择皮薄、被毛少、皮肤松弛、皮下血管少的地方作为注射部位，用2%~5%碘酊由内向外螺旋式消毒接种部位。注射时左手将皮肤提起呈三角形，右手持注射器，沿三角形底部刺入皮下约2厘米，回抽针芯，如果无回血，轻推缓慢注入。注射完，用消毒干棉球按压注射部，将针头拔出。

2. 肌内注射

保定牛，选择臀部或颈部肌肉丰满、血管少、远离神经干的部位注射。接种部位消毒后，右手持注射器垂直刺入肌肉，回抽针芯，如无回血，轻推缓慢注入。注射完，用消毒干棉球按压注射部，将针头拔出。

3. 口服

肉牛布鲁氏菌病免疫采用口服方式接种。目前，常用疫苗为布鲁氏菌活疫苗（S2 株），投药器尽量选购专门的口服接种器械，最大限度保障接种人员安全。

六、免疫接种不良反应的应对

1. 观察牛免疫接种后的反应

免疫接种后，要观察牛的采食、饮水、精神状况等，并抽查检测体温，对有严重不良反应的要及时救治。

（1）正常反应　注射疫苗后出现短时间精神不佳或食欲减退等情况，属于正常反应，一般不用处理，可自行消退。

（2）严重反应　接种疫苗后个别牛出现严重不良反应或不良反应牛的数量较多可认定为严重反应。

（3）全身感染　接种活疫苗后，牛自身机体防御机能较差或遭到破坏，引发全身感染和诱发潜伏感染。

2. 免疫接种不良反应的处置

对免疫接种后产生的严重不良反应，应根据症状立即采用相对应的抗休克、抗过敏、抗炎症、强心补液等急救措施；对局部出现的炎症反应，应采用消炎、消肿等处理措施；对局部或全身感染的不良反应，采用抗生素治疗。口蹄疫等重大动物疫病免疫出现严重不良反应时，要及时上报当地动物疫病预防控制中心。

3. 免疫接种不良反应的预防

为减少、避免在免疫过程中出现不良反应，应注意以下问题。

1）保持牛舍适宜的温度、湿度、光照、通风，注意做好日常消毒。

2）群体免疫时，可先做小群牛接种，确认安全后，再逐渐扩大接种范围。

3）免疫前后给牛提供营养丰富、均衡的饲料，饮水中可加入电解多维等，降低应激反应，提高机体非特异性免疫。

七、免疫接种注意事项

1. 选择疫苗

预防口蹄疫等重大动物疫病，最好使用由当地动物疫病预防控制中心提供的强制免疫疫苗，不仅免费提供，在质量和安全上也有保障。预防其他动物疫病，选用经国家批准、信誉较好厂家的生物制品。

2. 疫苗贮存和运输

1）严格按照疫苗说明书贮存温度要求进行贮存和运输。少量疫苗运输可使用保温箱，放入适量冰块进行包装运输。夏季要注意采取降温措施，冬季要注意采取防冻措施。

2）贮存时间不宜过长，最好提前 1 天提取疫苗。运输过程中，随时检查温度，尽快运达。

3）贮存和运输过程中，必须避免阳光暴晒。

3. 免疫接种操作

1）根据牛的大小和肥瘦，掌握适宜的肌内注射深度。

2）每次注射完毕，均需更换针头。

3）注射过程中，不要过猛、过强刺入，否则易发生断针。

4. 其他注意事项

1）养牛场尤其是中小养殖户要加强消毒意识，包括人员消毒、器械消毒、注射部位消毒等。

2）开启或稀释后的疫苗要立即使用，冬季在 2 小时内、夏季在 30 分钟内用完。免疫前后 72 小时内不可带牛喷雾消毒。

3）用过的疫苗瓶、未用完的疫苗、一次性手套、口罩等物品不可随意丢弃，要进行消毒、焚烧、深埋等无害化处理。

第四节 常用给药方法

肉牛的给药方法有多种，在实际应用中，要根据病情、药物性质、个体大小，选择适当的给药方法。

一、口服给药

1. 自行采食

常用于牛群预防性治疗或驱虫。方法是将药物按一定比例拌入饲料或饮水中，牛群自由采食或饮水。大群用药时，可先做小群试验，确认安全后，再逐渐扩大使用范围。

2. 人为投药

（1）糊剂投药 用颈枷等器具保定牛，使用鼻钳或手指夹住鼻中隔，使牛头稍仰。药液倒入细口长颈的玻璃瓶、橡胶瓶等器皿，左手用食指和中指由牛右口角插入口腔，压迫舌头，使牛口打开，投药者右手持投药瓶，顺左口角插入口腔，左手拿出，瓶口送至舌面中部将药剂灌入。

（2）丸剂投药 小丸型药用投药枪或裹在草团中投服，大丸剂可徒手投药。方法是用左手从口角伸入打开口腔，拉出舌头，右手持药丸塞入舌根部，左手立即松开舌头，并拖住下颌部，稍抬高牛头，药丸可自然咽下。

（3）舐剂投药 将药剂加适量面粉调成糊状，打开口腔用长勺将糊状药剂涂在舌根背部，随即抬高牛头，使其自然咽下。

二、注射给药

注射给药是将灭菌的药液通过注射器注入动物体内。常见的注射方法有肌内注射、静脉注射、皮下注射、皮内注射。

1. 肌内注射

一般肌内注射的部位为肌肉丰满的颈侧和臀部。方法是注射部位剪毛消毒后，将针头刺入肌肉内，回抽无回血，缓慢注入药液。如果遇到持注射器刺入困难的情况，可先将针头准确迅速地刺向预定部位，待牛安静之后，接上注射器，将药液推入即可。

2. 静脉注射

一般静脉注射的部位为左侧或右侧颈静脉沟的上 1/3 处。方法是先固定好牛头部，使颈部稍偏向一侧。左手指紧压颈静脉沟的中 1/3 处，待静脉充分鼓起后，立即进行针部消毒，然后右手迅速将针刺入静脉，如果准确无误，血液呈线状流出。放开左手，接上盛有药液的注射器或输液管。用输液管输液时，可用夹子将输液管前端固定在颈部皮肤上。

3. 皮下注射

皮下注射指把药液注射到动物的皮肤和肌肉之间。一般肉牛注射部位为颈侧。方法是注射部位消毒后，左手将皮肤提起呈三角形，右手持注射器，沿三角形底部刺入皮下，回抽针芯，如果无回血，缓慢注入。皮下注射的常用药物为肾上腺素和阿托品等。

4. 皮内注射

本注射方法为牛结核菌素试验常用的方法，注射部位为颈部皮肤或尾根两侧皮肤。方法是左手提起皮肤，右手持连接 7 号针头的 1 毫升注射器，针头与注射皮面几乎平行刺入，缓慢注入药液，注射准确会感到阻力大，注射后皮肤表面呈小圆丘状。注射完毕，用酒精棉球轻压针孔，防止药液流出。

三、胃管投药

投药前，要把胃管洗净，管外用水蘸湿，去掉多余水，管头蘸少许液状石蜡润滑，经鼻轻轻向里插入，到咽部有阻挡感觉，用管头轻轻触动咽喉，诱发牛吞咽，趁牛吞咽时顺势插入食道。经过咽部后，要及时判定投药管是否插入食道。如果进入食道，继续深送感到稍有阻力，此时向胃管内用力吹气，可见左侧颈沟有起伏；如果误入气管，牛会表现不安、咳嗽，继续深送感觉不到阻力，向胃管内吹气也看不到左侧颈沟有起伏，同时胃管末端出现与呼吸一致的气流。确认胃管在食道后，将其继续深送至颈中部以下，即可到达胃内，此时从胃管内排出酸臭气体，将胃管放低可流出胃内容物。接上漏斗，把药液倒入漏斗内，高举漏斗超过牛头部将药液灌入胃内。药液灌完后，再灌少量清水，冲洗投药管，拔掉漏斗并把投药管内的残留液吹入胃内，然后用拇指堵住药管管口或把管折叠后缓慢抽出。

四、灌肠给药

灌肠给药是将药液直接灌入直肠内。这种给药方法常用于肠便秘或者直肠内给药或降温等。灌肠时，要先将直肠内的粪便清除干净，在橡皮管上涂液状石蜡或者肥皂水，插进肛门以后，再逐渐向直肠内慢慢插入。要抬高灌肠器，让液体流入直肠。如果流得慢，要抽动一下橡皮管。灌肠完毕后，拔出橡皮管，用手压住肛门或拍打尾根部，防止药液排出。灌肠时药液温度应与体温一致。

第五节 常见传染病

传染病是指由病原微生物引起，具有一定潜伏期和临床表现，并具有传染性的疾病。牛群一旦发生某种传染病，应及时准确地进行诊断，并开展综合防控措施。

一、口蹄疫

口蹄疫是由口蹄疫病毒引起的牛、羊、猪等偶蹄动物的一种急性、热性、高度接触性传染病。特征是在皮肤、黏膜形成水疱和溃烂，尤其在口腔和蹄部病变最明显。

【病原及流行病学】 口蹄疫病毒属于小核糖核酸病毒科口蹄疫病毒属。病畜及潜伏期带毒动物是最主要传染源。病毒以直接接触和间接接触的方式传播，传播速度较快。一年四季均可发生，但以冬末春初为发病盛期。

【临床症状】 牛的潜伏期一般为 3～8 天。表现为突然发病，体温升至 40～41℃ 甚至更高，精神沉郁，食欲减退，闭口、流涎，继而在唇内、齿龈、舌面等部位黏膜发生豌豆大甚至蚕豆大的水疱，流涎增多，呈白色泡沫状，常挂满嘴角，采食和反刍停止。水疱逐渐增大并相互汇合，最终破裂，形成浅表的、边缘整齐的红色烂斑，此时体温恢复正常，烂斑逐渐愈合，全身症状好转。趾间及蹄冠皮肤上也同时或稍后呈现热痛和肿胀，然后发生水疱，破溃后形成烂斑，如果未感染可很快愈合，若感染则化脓坏死。有时乳房皮肤也出现水疱，导致产奶量降低，甚至停奶。牛发生口蹄疫一般呈良性经过，病死率很低。如果发生恶性口蹄疫侵害到心肌时，病死率可达 20%～50%。犊牛患病时，水疱症状不明显，主要表现为出血性肠炎和心肌炎，病死率很高。

【诊断】 由于本病临床特征比较明显，结合流行病学调查就可做出初步诊断，但确诊需经过实验室进行病毒鉴定。

【防控措施】 口蹄疫在我国被列为一类动物疫病，是强制免疫病种，按照免疫程序，使用当地动物疫病预防控制中心提供的口蹄疫疫苗免疫接种可起到较好的预防效果。同时，应加强饲养管理，做好牛场消毒清洁工作，给牛群提供干净整洁的环境。一旦发生本病，应及时向当地畜牧兽医主管部门报告，立即启动应急预案，划定疫区、严格封锁，及早就地扑灭。待最后一头病畜治愈或死亡后，经过 14 天再无新的病例出现时，经过彻底消毒后，方可解除封锁。

二、布鲁氏菌病

布鲁氏菌病简称布病，是由布鲁氏菌引起的人畜共患传染病，特征是生殖器官和胎膜发炎，引起流产、不育。

【病原及流行病学】 布鲁氏菌属有 6 个种，习惯上将流产布鲁氏菌称为牛布鲁氏菌。各种菌有共同抗原，因此用一种活菌疫苗可预防所有种的布鲁氏菌病。

病畜及带菌动物（包括野生动物）是本病的主要传染源。最危险的传染源是受感染的妊娠母畜，其流产或分娩时，大量布鲁氏菌随胎儿、羊水、胎衣排出。流产后的阴道分泌物、乳汁及受感染公畜的精液中也含有布鲁氏菌。本病主要通过饲料和饮水经消化道感染，还可通过交配传播和感染。此外，本病还可经吸血昆虫叮咬传播。本病一年四季均可发生，母畜较公畜易感。

【临床症状】 潜伏期为2周至6个月。母牛最显著的症状是流产，产后可发生胎衣不下，阴道内继续排出灰色或褐色的恶臭液体，可持续1~2周。公牛常发生睾丸炎和附睾炎。

【诊断】 本病的临床症状和流行病学资料仅有助于怀疑为布鲁氏菌病，确诊必须依靠实验室检测。常用的检测方法为琥红平板凝集试验和试管凝集试验，目前，已有布鲁氏菌的快速诊断试剂盒。

【防控措施】 本病以预防为主，按照免疫程序，牛群至少1年免疫接种1次，一经发现病牛，立即淘汰。根据流行病学特征采取控制传染源、切断传播途径、培养健康牛群及主动免疫接种等措施进行综合防治。

三、结核病

结核病是由结核分枝杆菌引起的人畜共患的慢性传染病，特征是病畜逐渐消瘦，在多种组织器官内形成结核结节和干酪样坏死。

【病原及流行病学】 结核分枝杆菌主要有三个型：牛型、人型、禽型。牛结核病主要由牛型结核杆菌引起，也可由人型结核杆菌引起。结核病病畜是本病的传染源，尤其是通过各种途径向外排菌的开放性结核病病畜。本病主要经呼吸道、消化道感染，多呈散发，无明显季节性。

【临床症状】 本病潜伏期长短不一，可长至数月甚至数年。牛以肺结核较为多见，潜伏期根据牛体质不同，短则1个月，长的可达数年。病初症状不明显，有短促干咳，随后咳嗽逐渐加重，呈现痛苦的脓性湿咳，病牛逐渐消瘦，胸部听诊可听到随着呼吸频率节奏而发出的摩擦音。母牛易发生乳房结核，乳腺中淋巴结肿大，无热、无痛。肠道结核多见于犊牛，表现为消化不良，顽固性腹泻，迅速消瘦。生殖器官结核表现为妊娠母牛流产，公牛附睾肿大。

【诊断】 当牛发生不明原因的渐进性消瘦、咳嗽、肺部异常、慢性乳腺炎、顽固性腹泻、体表淋巴结慢性肿胀等，可作为疑似本病的依据，但仅根据临床症状很难确诊，剖检可根据特异性结核病变做出诊断，必要时可进行微生物学检验。目前，用结核菌素做变态反应，对牛群进行检疫，是诊断本病的主要方法。

【防控措施】 本病一般不进行药物治疗，主要采取综合性防控措施，防止疫病侵入，净化污染牛群，培育健康牛群。健康牛群平时要加强预防、检疫和消毒工作，每年春秋两季定期进行结核病检疫。犊牛出生后 1 个月、3 个月和 6 个月分别进行检疫，发现一次阳性，立即淘汰。污染牛群要反复进行多次检疫，发现阳性牛，均做淘汰处理。

四、牛巴氏杆菌病

牛巴氏杆菌病也称牛出血性败血症，是一种急性传染病，特征为高热、肺炎、急性胃肠炎及内脏器官广泛出血。

【病原及流行病学】 牛巴氏杆菌病的病原主要是多杀性巴氏杆菌和溶血性巴氏杆菌。病畜和带菌动物是本病的主要传染源，尤其是健康带菌和病愈后带菌动物。本病通过直接或间接接触传播，主要经呼吸道和消化道感染。一年四季均可发生，春秋两季较为常见，多为散发。

当寒冷、闷热、潮湿、拥挤、通风不良、疲劳运输、饲料突变、营养缺乏时，可引起本病的发生。

【临床症状】 本病潜伏期为 1~7 天，多数为 2~5 天。根据临床症状可分为败血型、浮肿型、肺炎型。

（1）败血型 病牛体温升高至 40~42℃，精神沉郁、食欲减退、结膜潮红、鼻镜干燥、心跳加快、腹痛、腹泻，常来不及查清病因和治疗就死亡。

（2）浮肿型 除表现高热、不食、不反刍等症状外，最明显的症状是头颈、咽喉等部位发生炎性水肿，水肿还可蔓延到前胸、舌及周围组织，眼睛红肿，流泪流涎。病牛常卧地不起，呼吸极度困难，窒息死亡，病程多为 12~36 小时。

（3）肺炎型 病牛咳嗽，呼吸困难，鼻孔常有黏液脓性鼻液流出，表现纤维素性胸膜肺炎和肺炎症状。严重时，病牛头颈前伸，张口呼吸。肺炎型病程较长，常拖至 1 周以上。

【诊断】 根据临床症状和病理变化可做出初步诊断，确诊还需进行实验室诊断。

【防控措施】

（1）治疗　确诊为巴氏杆菌病后，采用青霉素、链霉素及其他药物对症治疗，疗效显著。病程稍长、病情较重的病例可采用0.9%氯化钠500毫升、160万单位青霉素10~15支、地塞米松20毫克；或25%葡萄糖500毫升、维生素C 2g、10%安钠咖2g；或5%碳酸氢钠500~1000毫升；10%氯化钠300~500毫升，静脉注射，每天2次。

病症稍轻的可采用160万单位青霉素10~15支、100万单位链霉素10支、10%安钠咖2g，肌内注射，每天2次。如果病牛心率过快，用毒毛花苷K注射液5毫升，肌内注射，每天1次。对咽喉水肿的病牛用呋塞米注射液按每千克体重1毫克肌内注射，每天1次。

（2）免疫接种　对本病常发地区，可以定期免疫接种巴氏杆菌病疫苗。

（3）综合措施　加强饲养管理，做好牛舍、饲养工具和周围环境的消毒工作，增强机体的抗病能力，防止疫病的发生。在养殖过程中，要注意观察牛的饮食和健康状况，发现病情及时隔离、诊断、治疗，把疫病损失降低到最低。

五、牛沙门菌病

牛沙门菌病又称牛副伤寒，是由沙门菌引起的一种传染病。本病以败血症、胃肠炎、腹泻、妊娠母牛流产为特征，广泛分布于世界各地，对牛的繁殖和犊牛的健康带来严重威胁。

【病原及流行病学】　牛沙门菌病的病原主要是都柏林沙门菌和鼠伤寒沙门菌。病畜和带菌畜是本病的主要传染源，可由粪便、尿、乳汁及流产胎儿、胎衣、羊水等排出病菌，污染水源和饲料等，经消化道感染。病牛和健康牛交配或用病公牛精液人工授精也可感染。本病一年四季均可发生，饲养管理不良和各种应激因素都可促进其发生与流行。

【临床症状】　牛沙门菌病的主要症状是腹泻。犊牛常呈流行性发生，成年牛常散发。

（1）犊牛副伤寒　按病程可分为最急性、急性和慢性三种。最急性型：表现有菌血症或毒血症症状，发病后2~3天死亡；急性型：主要表现高热（40~41℃），精神沉郁，食欲减退，腹泻，排出灰黄色糊状或

液体状恶臭血便，有的还表现呼吸困难、咳嗽；慢性型：主要表现腕、跗关节肿大，病程持续数周至3个月。

（2）成年牛副伤寒　主要表现高热、精神沉郁、食欲减退、呼吸困难、腹泻，身体迅速衰竭。病牛腹痛，常用后肢蹬踢腹部。剖检病变主要是出血性肠炎。

【诊断】　根据流行病学、典型症状和剖检变化可做出初步诊断，确诊还需进行实验室细菌分离培养鉴定。

【防控措施】

（1）治疗　本病用氨苄西林、链霉素、卡那霉素等抗菌药都有疗效，同时采取对症治疗和补液治疗。

（2）免疫接种　牛副伤寒氢氧化铝菌苗1岁以下牛肌内注射1~2毫升，1岁以上牛肌内注射2~5毫升。妊娠母牛接种后，可保护数周龄以内的犊牛，使感染犊牛减少粪便排菌。

（3）综合措施　加强饲养管理，做好消毒工作，保持清洁卫生。注意产房保暖，犊牛吃足初乳。发现病情及时隔离、诊断、治疗。

六、犊牛大肠杆菌病

犊牛大肠杆菌病又称为犊牛白痢，是由特定病原性大肠杆菌引起新生犊牛的一种急性传染病。主要特征是败血症和严重腹泻、脱水，影响生长发育，严重的导致死亡。

【病原及流行病学】　大肠杆菌学名为大肠埃希氏菌，本病的病原极其复杂，往往由大肠杆菌和轮状病毒、冠状病毒等混合感染。传染源主要是病畜和带菌动物，通过粪便排出病菌，污染饲料、饮水及母畜的乳头和皮肤，犊牛吃乳、舔舐或饮水时，经消化道感染。犊牛也可通过脐带或产道感染。本病多见于10日龄以内的犊牛，尤其是1~3日龄的新生犊牛最易感。一年四季均可发生，冬、春季多发，引起犊牛抵抗力降低的各种因素都可促进本病的发生。

【临床症状】　本病潜伏期很短，仅为数小时。根据症状分为败血型、肠毒血型、肠炎型3种。

（1）败血型　多见于1~3日龄新生犊牛，呈急性败血症症状。病犊表现高热（40~41℃），精神沉郁，食欲减退或废绝，腹泻。粪便如打碎鸡蛋汤样，呈浅黄色，逐渐转变为灰色水样，混有血丝和气泡，有恶臭。初期排粪困难，后期粪便自由流出，脱水严重，四肢无力，卧地不起，常于症状出现后数小时至 1 天内急性死亡，有时未见腹泻就突然死亡，多发于没有吃过初乳的犊牛。

（2）肠毒血型　主要发生于 7 日龄内吃过初乳的犊牛，由特异性大肠杆菌在肠道内大量增殖并产生肠毒素吸收入血液所致。病犊常无任何症状而突然死亡。如果病程稍长，可见到典型的中毒性神经症状，先是兴奋不安，然后精神沉郁、昏迷，最后衰竭死亡。

（3）肠炎型　以腹泻为主要特征，多见于 1 ~ 2 周龄内犊牛。病犊体温升高到 40℃ 左右，食欲减退，数小时后开始腹泻。粪便初期如粥状，黄色；逐渐呈水样，灰白色，并混有未消化的凝乳块、血丝及泡沫，有酸败气味，病程后期，犊牛大便失禁，高度衰竭，卧地不起，体温降至正常以下，最后脱水死亡。病程稍长的病犊常发生肺炎、关节炎、脐炎、脑炎症状。

【诊断】　根据流行病学特点、临床症状和剖检变化可做出初步诊断，确诊需要进行实验室细菌分离培养鉴定。

【防控措施】

（1）治疗　犊牛的治疗原则是抗菌消炎，增强机体抵抗力，补液，调节胃肠机能。抗菌消炎主要用庆大霉素、链霉素、新霉素等，可通过药敏试验选择高敏抗生素。补液主要是静脉滴注复方氯化钠、生理盐水和葡萄糖氯化钠，必要时加入碳酸氢钠防止酸中毒。病情有所好转时，可内服调整胃肠道微生态平衡的生态制剂，如乳酶生、干酵母等，使肠道正常菌群早日恢复生态平衡，同时，母牛肌内注射头孢噻呋钠，按每千克体重 2.2 毫克，每天 1 次，连用 3 ~ 5 天。

（2）综合措施　给出生幼犊注射大肠杆菌高免血清；加强妊娠母牛的饲养管理，供给足够的蛋白质、矿物质和维生素，保持良好的营养水平；保持牛舍特别是产房清洁、干燥，注意消毒；母牛乳房要保持清洁，犊牛出生后，一定要尽早吃足初乳。

七、牛坏死杆菌病

坏死杆菌病是由坏死梭杆菌引起的多种家畜的一种慢性传染病，以患部组织呈液化性坏死和有特殊臭气为特征。

【病原及流行病学】　病原为坏死梭杆菌，广泛分布于自然界，动物养殖场，被污染的沼泽、土壤中均可发现。此外，还常存在于健康动物的口腔、肠道、外生殖器等处，本病易发生于饲养密集的牛群，多发生于奶牛，犊牛较成年牛易感。病牛及带菌牛由粪便排出病菌并广泛污染环境，通过损伤的皮肤、黏膜而感染。饲养管理不良，如圈舍潮湿、场地泥泞、拥挤、饲料质量低劣、人工哺育不注意用具消毒，加上多雨、潮湿和炎热的季节等情况下，更易引起本病。本病常为散发，或呈地方流行性。

【**临床症状**】 本病潜伏期为1~2周，一般为1~3天。牛坏死杆菌病在临床上常见的有腐蹄病、坏死性口炎等。

（1）**腐蹄病** 多见于成年牛，病初跛行，患肢不敢负重。当叩击蹄壳或钳压患部时，可见小孔或创洞，内有腐烂的角质和污黑臭水。这种变化也可见于蹄的其他部位，病程长者还可引起蹄壳变形。重者可导致病牛卧地不起，全身症状变化，进而发生脓毒败血症而死亡。

（2）**坏死性口炎** 又称"白喉"，多见于犊牛。病初厌食、发热、流涎、流鼻液、口臭和气喘。口腔黏膜红肿，增温，在齿龈、舌腭、颊或咽等处，可见粗糙、污秽的灰褐色或灰白色的假膜。如果上皮坏死脱落，可遗留界限分明的溃疡物，其面积大小不等，溃疡底部覆有恶臭的坏死物。在咽喉病变常见颌下水肿、呕吐、不能吞咽及严重呼吸困难。病变有时蔓延至肺部，引起致死性支气管炎或在肺和肝形成坏死性病灶，常导致病牛死亡，病程为5~20天。

【**诊断**】 依据患病的部位、坏死组织的特殊变化和臭气，以及因患部而引起的机能障碍，进行综合性分析，可做出初步诊断，确诊需进行实验室诊断。

【**防控措施**】

（1）**治疗** 治疗本病一般采用局部治疗和全身治疗相结合的方法。对患腐蹄病的病牛，应先彻底清除患部坏死组织，用3%来苏儿冲洗或10%硫酸铜洗蹄，然后在蹄底病变洞内填塞高锰酸钾粉剂。对软组织可用抗生素、磺胺等药物，以绷带包扎，外层涂松馏油以防腐防湿；对坏死性口炎病牛，应先除去假膜，再用0.1%高锰酸钾冲洗，然后涂擦碘甘油，每天2次至病愈。对有全身症状的病牛应注射抗生素，同时进行强心补液等治疗。

（2）综合措施　加强饲养管理，精心护理，避免皮肤、黏膜的损害，保持牛舍、环境用具的清洁与干燥，及时清理运动场地上粪便、污水，定期给牛修蹄，发现外伤要及时处理。

八、牛病毒性腹泻/黏膜病

牛病毒性腹泻/黏膜病是牛的一种重要传染病，以黏膜发炎、糜烂、坏死和腹泻为主要症状，也称为牛病毒性腹泻或牛黏膜病。

【病原及流行病学】　病原为病毒性腹泻病毒。不同品种、性别、年龄的牛都易感，但以 6～8 月龄的小牛症状最重。急性型病牛血液、分泌物和排泄物中均含大量病毒。慢性型病牛往往发生持续感染，在血液和眼、鼻分泌物中可长期分离出病毒。康复牛可带毒 6 个月。本病的传播途径较多，经消化道、呼吸道和生殖道均可感染。妊娠母牛感染后，病毒可经胎盘传给胎儿，还易引起流产和产死胎。本病常年均可发生，但以冬季和初春多发。

【临床症状】　本病潜伏期为 7～10 天。临床上一般分为急性型和慢性型。

（1）急性型　常见于幼犊，病死率较高。病初呈上呼吸道感染症状，表现高热（40～42℃），流鼻液、咳嗽、呼吸急促、流泪、流涎、精神沉郁等。后期口腔黏膜发生糜烂或溃疡，出现腹泻。糜烂见于唇内、齿龈、上颚、颊部和舌面，以及鼻镜、鼻孔周围。腹泻初期，粪便呈水样，后混有黏膜和血液，恶臭。泌乳牛的产奶量减少或停止。有的病牛发生趾间皮肤溃疡、蹄冠炎、蹄叶炎和角膜水肿。重症病牛多于 5～7 天因急性脱水和衰竭死亡。

（2）慢性型　发热不明显，口腔黏膜反复发生坏死和溃疡，持续性或间歇性腹泻。有的发生慢性蹄叶炎和严重的趾间坏死，病牛跛行。有的皮肤皲裂，出现局限性脱毛和表皮角化。病牛通常呈持续感染，发育不良，最终死亡或被淘汰。

【诊断】　根据典型临床症状和剖检变化，结合流行病学特点，可做出初步诊断，确诊还需进行病毒的分离鉴定和免疫学试验。

【防控措施】

（1）治疗　本病无特效治疗药物，可用收敛剂局部涂擦和补液等对症治疗，并加强护理。

（2）综合措施　在引进种牛时，必须严格进行检疫（采血或粪便检查），防止引入带毒牛。一旦发生本病，病牛要及时隔离或急宰，严格消毒，限制牛群活动，防止扩大传染。必要时可用牛病毒性腹泻/黏膜病灭活疫苗或猪瘟活疫苗进行免疫接种。

九、牛流行热

牛流性热又称三日热或暂时热，是由牛流行热病毒引起的一种急性热性传染病。

【病原及流行病学】　病原为弹状病毒科暂时热病毒属牛流性热病毒。本病传播迅速，常呈流行性或大流行性。通过吸血昆虫叮咬皮肤感染，所以在夏季易发。

【临床症状】　主要表现为突然发热（40℃以上）、流泪、泡沫样流涎、呼吸急促、后躯僵硬、跛行。大部分呈良性经过，病死率在1%以下。

【诊断】　根据结合流行病学特点和临床特征，可做出初步诊断，确诊还需进行实验室诊断。

【防控措施】

（1）治疗　本病尚无特效药，可对症采取解热镇痛、强心、兴奋呼吸中枢、健胃等疗法，停食时间较长的可静脉滴注生理盐水和葡萄糖，同时给予大剂量抗生素，防止并发症和继发感染。

（2）综合措施　根据流行规律及预警情况，预测可能有本病流行，免疫接种牛流行热疫苗。坚持早发现、早隔离、早治疗原则，同时加强饲养管理，消灭蚊蝇，减少疾病传染。

第六节　常见消化系统疾病

一、瘤胃积食

瘤胃积食也称为瘤胃食滞症，主要是前胃收缩机能减退，瘤胃中蓄积食物过多而引起。

【病因】　主要是饲养管理不当造成的，如饲喂过量的优质饲料（精饲料及糟粕类）、适口性好的青草、胡萝卜、马铃薯等；突然变更饲料，牛过量采食；偷食大量的精饲料（豆饼、玉米），而饮水不足；采食塑料包装袋或长绳等不能消化的异物；饥饱无常、过度劳累、长途运输、

恐惧等应激因素的刺激。此外，瘤胃臌气、前胃弛缓、胃炎等疾病，也容易引起瘤胃积食。

【临床症状】 轻度积食时，食欲、反刍减退或停止，腹围增大，左腹部隆起，触诊可触到较硬的内容物，叩诊可听到浊音，排粪次数增加，粪便软黑、恶臭，带有血液、黏液和未消化的饲料颗粒；积食严重时，腰背拱起，站立不安，后期四肢无力，卧地不起，呈现明显的酸中毒症状。

【治疗】 治疗的原则是消除病因，增强前胃兴奋性，促进瘤胃内容物运化，防止脱水与机体中毒。对轻度瘤胃积食的病牛，应停止喂料1～2天，再饲喂优质牧草。同时配合瘤胃按摩，然后进行驱赶运动，促使其瘤胃蠕动。加快瘤胃内容物的排出，可将500克硫酸镁，配合成8%～10%溶液，一次灌服。冲洗瘤胃和调整胃液的pH，可用大量的温水或自来水充分洗涤胃内容物。严重者一次性静脉注射5%葡萄糖氯化钠1000～3000毫升、5%碳酸氢钠500毫升、20%安钠咖20毫升。药物治疗无效时，应及时切开瘤胃取出过多的内容物，移植瘤胃液，每天2次灌服健康牛的瘤胃液4～6升。

二、瘤胃臌气

瘤胃臌气也称为瘤胃臌胀。多发生在夏秋季节，以呼吸困难、腹部膨大为特征。

【病因】

(1) 原发性原因 主要由于采食大量容易发酵的饲草，如苜蓿、紫云英、三叶草、白菜叶等；饲喂精饲料过多，且粉碎太细，粗饲料不足；吃入品质差的青贮饲料，腐败、变质的饲草，以及带霜、露、雨、雪的牧草等，在瘤胃内迅速发酵产生大量气体。另外，饲料或饲喂制度的突然改变也易诱发本病。

(2) 继发性原因 瘤胃臌气常继发于食管阻塞、麻痹或痉挛，创伤性网胃炎，瘤胃与腹膜粘连，慢性腹膜炎，网胃与膈肌粘连等。

【临床症状】

(1) 急性瘤胃臌气 通常在采食大量发酵饲料后迅速发病，腹部急剧胀大，左肷部显著凸出，严重时视黏膜发绀，食欲废绝。叩诊瘤胃呈鼓音，听诊瘤胃蠕动音减弱甚至消失。病牛精神沉郁，反刍停止，心音亢进，呼吸困难，回头望腹，紧张不安。

（2）慢性瘤胃臌气　多为继发，瘤胃中度臌气，时而臌气，时而消退。常于采食、饮水时病情加重。

【治疗】　急性瘤胃臌气可用胃管放气，将开口器固定于口腔，胃管直插入胃，推压左侧腹壁，排出气体。也可用穿刺法，将16号针头垂直穿透胃壁刺入瘤胃内，使气体缓慢排出。

症状较轻者，可用松节油40毫升、鱼石脂25克、酒精50毫升加水稀释，一次灌服。泡沫性臌气可用食用油、液状石蜡、松节油等内服，消除泡沫。为防止臌气症状反复，促使舌头不断运动利于嗳气，可用一根涂有鱼石脂的光滑圆木棒，放在牛口中，两端用细绳系在牛头角根后固定。

健胃消导，可用芳香性健胃酊剂（如豆蔻酊）等适量灌服，消除瘤胃内酵解物，也可用硫酸镁或人工盐、鱼石脂、松节油等。还可灌服健康牛瘤胃液3~6升，改善瘤胃内环境。

上述治疗无效时，应立即采取瘤胃手术，取出内容物。

三、前胃弛缓

前胃弛缓是前胃运动能力不足，功能降低，引起消化障碍和全身机能紊乱的一种疾病。

【病因】　主要是饲养管理不当造成的，如一次饲喂精饲料过多；长期饲喂难以消化的粗饲料或单一饲料；饲料粉碎过细；突然变换饲料；饲喂霉败或冰冻饲料等；天气骤寒、过度劳累、长途运输、恐惧等应激因素的刺激。瘤胃臌气、瘤胃积食、胃炎等疾病，容易继发前胃弛缓。

【临床症状】　病牛表现为食欲突然减退，反刍次数减少，排粪减少，粪便呈块状或索状，附有黏液，严重时腹泻，粪便呈黄绿色水样，恶臭，喜卧，行走时后躯摇摆。如果病程较长，多转为慢性，表现为反刍不规则，瘤胃呈现间歇性臌气，食欲不振等。

【治疗】　轻症病例，可减少精饲料饲喂，加大青粗饲料的用量，多做牵遛运动或体外按摩瘤胃。症状较重病例可用促反刍液500~1000毫升（蒸馏水500毫升、氯化钠25克、氯化钙5克、安钠咖1克）静脉注射。

重症病例，用0.1%高锰酸钾或2%~3%碳酸氢钠洗胃，再灌入

20% 陈皮酊 50 ~ 100 毫升、人工盐 250 ~ 300 克，静脉注射 10% ~ 20% 氯化钠 500 毫升、20% 安钠咖 20 毫升，疗效明显。

四、创伤性网胃炎

创伤性网胃炎是病牛采食较粗糙，混入饲料饲草的铁丝、玻璃片等尖锐物进入网胃沉底，以后随瘤胃蠕动刺伤或刺穿网胃壁而引起的疾病。若进一步刺入可达心包、心脏，引起创伤性心包炎等。

【病因】 主要是采食异物（如铁丝、玻璃片等）造成的。

【临床症状】 病牛表现为顽固性的前胃弛缓，食欲减退，反刍停止，瘤胃臌气，病牛起卧动作谨慎，卧地时常头颈伸直，站立时常肘部外展。有的出现反复地剧烈呕吐，甚至从鼻腔中"喷粪"的现象。

【防治】

（1）预防 本病应以预防为主，日常管理要精心，有条件者实行铡草、过电筛、过水池等措施除去异物。

（2）治疗 保守治疗，可使病牛立于斜坡上，保持前高后低的姿势，减轻网胃压力，促使异物退出网胃壁。急性发作时，可用强磁铁经口投入网胃，吸取金属异物。上述治疗无效时，应及时采取手术治疗，切开瘤胃，从网胃壁摘除金属异物。

五、瓣胃阻塞

瓣胃阻塞又称为百叶干，是以瓣胃内容物积滞、干涸，瓣胃内小叶压迫性坏死为特征的疾病。

【病因】 因长期饲喂干草、糟粕、粉状饲料（谷粉、谷糠、麸皮、酒糟等），以及饮水不足等原因引起。特别是吃了混有泥沙的饲料，更易发生本病。此外，牛患有前胃弛缓、瘤胃积食、肠便秘等也可继发本病。

【临床症状】 病初呈现前胃弛缓症状，当瓣胃严重阻塞后，食欲废绝，反刍停止，粪便干硬，呈算盘珠样，后期排粪停止。机体脱水，鼻镜干裂，瘤胃蠕动停止，有时继发瘤胃膨胀。听诊瓣胃蠕动音减弱或消失。触诊瓣胃，病牛疼痛不安，抗拒触压。

【防治】

（1）预防 减少粗、硬饲料喂量，增加青绿多汁饲料喂量，保证饮水，适当运动。

（2）**治疗** 增强瓣胃运动机能，可静脉注射5%氯化钠注射液300～400毫升、20%安钠咖10毫升；也可用新斯的明10～20毫克皮下注射。加速内容物软化和排除，可用液状石蜡1500～2000毫升、胡麻油300～500毫升、硫酸钠或硫酸镁500～1000克，加水5～8升，一次灌服。也可用硫酸镁400克、普鲁卡因2克、甘油200毫升，加水3升，溶解后一次注入瓣胃内。

　　常见的前胃疾病有瘤胃积食、瘤胃臌气、前胃弛缓、创伤性网胃炎、皱胃阻塞、瓣胃阻塞等，其中瘤胃积食、瘤胃臌气、前胃弛缓有类似症状，治疗原则和方法也有类似之处。

六、胃肠炎

胃肠炎指胃肠黏膜及深层组织发生的炎症。

【**病因**】 主要是采食腐败、霉烂、变质、冰冻、有毒的饲料，或采食过多精饲料，青绿饲料饲喂量过多或更换饲料、饮用不洁水所致。

【**临床症状**】 精神委顿，食欲减退，反刍减退或停止，体温偏高，结膜潮红或发绀。耳根、鼻镜及四肢末端变凉，粪便呈糊状或水样，有腥臭味，常混有血液、黏液或脓性物，后期排无粪黏液或脓血块。病牛后期严重脱水，眼球凹陷、四肢乏力、体温下降，最后全身衰竭而死。

【**防治**】

（1）**预防** 禁止饲喂腐败变质草料，适时适当调配精饲料。饮无污、无毒的洁净水，饲槽要干净卫生，不喂剩草剩料，保证圈舍冬暖夏凉，提高饲养管理水平，增强牛的抗病能力。

（2）**治疗** 病初排粪迟滞或粪便恶臭，可采用缓泻剂，如液状石蜡或植物油类灌服；纠正酸中毒，防止脱水，可用5%糖盐水1000毫升、复方氯化钠1000毫升、维生素C 30毫升、10%安钠咖20毫升，混合静脉注射；抑制肠道病菌繁殖，可用2%乙酰甲喹50克、2%恩诺沙星25克，混合内服，血便严重者加入安络血片100片，连服3天；小檗碱60毫升，后海穴注射，连用2天。

第七节 常见寄生虫病

一、片形吸虫病

片形吸虫病是牛、羊最主要的寄生虫病之一，由寄生于牛、羊的肝和胆管中的肝片形吸虫或大片形吸虫引起。本病可引起急性或慢性的肝炎和胆管炎，并继发全身性的中毒和营养障碍，常引起犊牛、羔羊的大批死亡。

【病原及流行病学】 病原为肝片形吸虫和大片形吸虫两种。多见于夏秋两季，呈地方流行性，多发生在低洼、潮湿的放牧地区。

【临床症状】 片形吸虫病的临床表现因感染强度和牛机体的抵抗力、年龄、饲养管理条件等不同而有差异。成年牛多呈慢性经过，当牛体抵抗力弱且感染虫体数量较多时，症状较明显，表现为贫血、黏膜苍白、眼睑水肿、被毛粗乱、消瘦等。犊牛感染，症状明显，表现精神沉郁、食欲减退、体温升高、贫血、黄疸等，严重的常在3~5天死亡。

【诊断】 主要根据临床症状、流行病资料、虫卵检查及病理剖检结果做综合判断。卵检查多用水洗沉淀法。剖检变化主要为胆管增粗、增厚，内含虫体。

【防治】

（1）预防 定期驱虫，驱虫的次数和时间必须与当地的实际情况及条件相结合。通常情况下，每年如果进行1次驱虫，可在秋末冬初进行，如果进行2次驱虫，另一次驱虫可在第2年的春季进行。粪便需经发酵处理杀死虫卵后才能应用，特别是驱虫后的粪便更需严格处理。

（2）治疗 治疗片形吸虫病的原则是驱虫与对症治疗同时进行。常用的治疗药物有：①硝氯酚按3~7毫克/千克，一次口服，对成虫有效；②三氯苯达唑按12毫克/千克，一次口服，对成虫和幼虫均有效；③阿苯达唑，为广谱驱虫药，按10~15毫克/千克灌服，对成虫有效。

二、牛血吸虫病

牛血吸虫病主要是由日本分体吸虫所引起的一种人畜共患血液吸虫病。主要症状为贫血、营养不良和发育障碍。

【病原及生活史】 病原为日本分体吸虫，属于裂体科裂体属。虫卵随粪便排出体外，在水中形成毛蚴，侵入中间宿主钉螺体内发育成尾蚴，从螺体逸出进入水中，经口或皮肤感染。本病主要发生于长江流域及南方地区，多发于夏秋季节。

【临床症状】 成年牛多为慢性经过，可表现消化不良，发育迟缓，逐渐消瘦，营养状况好的无明显症状。犊牛症状较为明显，主要表现体温升高至40℃以上，食欲减退，排血便，严重的因贫血衰竭死亡。

【诊断】 根据流行病学情况和临床症状可做出初步诊断，确诊需进行实验室检查。

【防治】

(1) 预防 加强饲养管理，粪便要进行堆积、发酵等无害化处理。饮用水选择无螺水源。

(2) 治疗 吡喹酮按每千克体重30~40毫克，一次口服。

三、牛绦虫病

牛绦虫病是由裸头科的多种绦虫寄生于牛小肠引起的一种寄生虫病。

【病原及生活史】 病原有莫尼茨绦虫、曲子宫绦虫和无卵黄腺绦虫。其中莫尼茨绦虫危害最严重，常导致病牛死亡。绦虫成熟的体节或虫卵随粪便排出体外，被地螨吞食，六钩蚴从卵内逸出，并发育成有感染能力的似囊尾蚴，牛吞食了含有似囊尾蚴的地螨而被感染。

【临床症状】 轻度感染时无明显临床症状。严重感染时，表现精神沉郁，腹泻，粪便中混有成熟的节片。病牛迅速消瘦，贫血，有的出现神经症状，呈现抽搐、痉挛及做回旋运动，严重者最后衰竭死亡。

【诊断】 临床观察发现粪便中含有黄白色的孕卵节片，可初步诊断，确诊可用漂浮法检查粪便中的虫卵。

【防治】

(1) 预防 主要是采取预防性驱虫措施，定期对牛群进行预防性驱虫，牛粪要进行堆积、发酵等无害化处理。

(2) 治疗 首选阿苯达唑，按每千克体重5~7毫克，一次口服。

四、牛消化道线虫病

寄生于消化道内的线虫种类很多，常以不同的种类和数量寄生，并可引起不同程度胃肠炎、消化机能障碍，病牛消瘦、贫血，严重的可造成死亡。

【病原及流行病学】　牛消化道线虫种类较多，主要包括血矛线虫（捻转胃虫）、仰口线虫（钩虫）、食道口线虫、毛首线虫（鞭虫）。本病在全国各地均有不同程度的流行。

【临床症状】　牛感染一般呈慢性经过，主要表现背毛粗乱，食欲减退，消瘦，贫血，腹泻，严重者常因极度衰弱而死亡。

【诊断】　采用漂浮法检查粪便或剖检胃肠道，发现虫卵即可确诊。

【防治】

（1）预防　主要是采取预防性驱虫措施，定期对牛群进行预防性驱虫，牛粪要进行堆积、发酵等无害化处理。

（2）治疗　左旋咪唑按每千克体重7.5毫克，一次口服；阿苯达唑按每千克体重7.5毫克，一次口服；伊维菌素按每千克体重0.2毫克，一次皮下注射。

五、牛焦虫病

牛焦虫病是由蜱为媒介而传播的一种虫媒传染病。焦虫（梨形虫）寄生于牛血液的红细胞内，主要临床症状是高热贫血或黄疸，反刍停止，泌乳停止，食欲减退，消瘦严重者则造成死亡。

【病原及流行病学】　本病是由焦虫在蜱体内繁殖，牛、羊放牧时被蜱叮咬而感染的。本病以散发和地方流行为主，多发生于夏秋季节，以5～9月为发病高峰期。本病多发生于1～3岁牛。

【临床症状】　牛焦虫病可分为牛巴贝斯焦虫病和牛环形泰勒焦虫病两种。

（1）牛巴贝斯焦虫病　本病潜伏期为9～15天，病牛突然发病，体温升高到40℃以上，呈稽留热。病牛精神委顿，食欲减退或废绝，反刍停止，呼吸和心跳加快，可视黏膜黄染，有点状出血，初期腹泻，后期便秘，尿液呈红色乃至酱油色。红细胞减少，血红素指数下降，急性病例可在2～6天死亡。轻症病牛几天后体温下降，恢复较慢。

（2）牛环形泰勒焦虫病　本病潜伏期为14～20天，病初体表淋巴结肿痛，体温升高到40.5～41.7℃，呈稽留热，呼吸急促，心跳加快。精神委顿，结膜潮红。中期体表淋巴结肿大，为正常的2～5倍。反刍停止，先便秘，后腹泻，粪中带血丝。可视黏膜有出血斑点。步态蹒跚，起立困难。后期结膜苍白，黄染，在眼睑和尾部皮肤较薄的部位出现粟粒至扁豆大的深红色出血斑点，病牛卧地不起，最后衰竭死亡。

【诊断】 根据流行病学调查及剖检变化可见肝和脾肿大、出血，皮下、肌肉、脂肪黄染，皮下组织有胶冻样浸润，肾及周围组织黄染和胶样变性，膀胱和尿液呈红色，可做出初步诊断，进一步确诊需要进行血涂片检查。

【防治】

（1）**预防** 根据本地区蜱流行规律，实施有计划、有组织地灭蜱。发病季节来临前，改为舍饲，同时皮下注射伊维菌素每千克体重0.2毫克，并对全身定期喷药或药浴，牛舍内1米以下的墙壁，用杀虫药涂抹，杀灭残留蜱。

（2）**治疗** 咪多卡配成10%溶液，按每千克体重2毫克分2次肌内注射；三氮脒配成5%～7%溶液，按每千克体重3.5～3.8毫克深部肌内注射。轻症注射1次即可，必要时每天1次，连用2～3次；盐酸吖啶黄配成0.5%～1%溶液，按每千克体重3～4毫克静脉注射，症状未减轻时，24小时后再注射1次。病牛在治疗后的数天内须避免烈日照射。在选用以上药物（一种或两种药物配合）治疗的同时，还应该采取对症治疗，才能收到更好的效果。

六、牛球虫病

牛球虫病是由艾美耳属的几种球虫寄生于牛肠道引起的以急性肠炎、血痢等为特征的寄生虫病。

【病原及生活史】 牛球虫有10余种，以邱氏艾美耳球虫和斯氏艾美耳球虫的致病力最强，也最常见。病牛和带虫牛是牛球虫病的传染源。病牛体内的球虫经过复杂的发育阶段，生成卵囊随粪便排出体外。在外界适宜的温、湿度条件下，卵囊发育为感染性卵囊，健康牛随饲草、饲料、饮水摄入卵囊后即被感染。牛球虫病一般发生在4～9月，尤其在低洼、潮湿草场放牧的牛群容易感染。牛球虫病多发生于犊牛。

【临床症状】 潜伏期为2～3周，多为急性发作。初期，病牛精神沉郁，体温正常或略升高，粪便稀薄并混有血液。约1周后，症状逐渐加剧，表现为食欲废绝、消瘦、喜躺卧，体温升高至40～41℃，瘤胃蠕动和反刍完全停止，肠蠕动增强，腹泻，粪便中带有血液、黏液和纤维素，有恶臭，多因体液过度消耗而死亡。慢性病例可长期腹泻，便血和消瘦，最终死亡。

【诊断】　临床上病牛出现血痢和粪便恶臭时，可采用漂浮法检查粪便，发现球虫卵囊即可确诊。临床上应注意与大肠杆菌病的鉴别，牛大肠杆菌病多生于产后 20 天内的犊牛，球虫病常发生于 1 个月以上的犊牛。

【防治】

（1）预防　犊牛和成年牛分群饲养，发现病牛要立即隔离治疗。牛舍和运动场要经常打扫，保持清洁和干燥，粪便、垫草要进行发酵，以杀死卵囊。可用热水或 3%～5% 氢氧化钠热溶液对地面、饲槽、水槽进行消毒。

（2）治疗　可选用盐酸氨丙啉，犊牛按每千克体重 20～50 毫克口服，每天 2 次，连用 4～5 天；磺胺二甲嘧啶，犊牛按每千克体重 100 毫克口服，每天 1 次，连用 2 天。对于症状比较严重的病牛，除口服上述药物外，还必须采取对症治疗，如输液、补糖、强心等。

七、牛皮蝇蛆病

牛皮蝇蛆病是由皮蝇科皮蝇属昆虫幼虫寄生于牛的背部皮下组织而引起的一种慢性寄生虫病。可使病牛消瘦，皮革质量降低，犊牛发育受阻。

【病原及流行病学】　寄生于牛的皮蝇属分为牛皮蝇和纹皮蝇两种。本病在我国华北、西北、东北、内蒙古等各农牧区广泛流行，一般牛皮蝇成虫出现于 6～8 月，纹皮蝇出现于 4～6 月。

【临床症状】　在牛皮蝇的成蝇季节，尽管其不叮咬牛，但会引起牛惊恐和狂奔，严重时会影响牛采食、休息，造成牛消瘦、外伤、流产，产奶量减少等表现。当幼虫钻入皮下时引起疼痛、瘙痒。在深部组织内移行时，可造成组织损伤。第三期幼虫寄生在皮下时，局部形成瘤状肿，每头牛少则几个，最多的可达上百个。瘤状肿凸出于皮肤表面，局部脱毛，质地坚硬。穿孔时，可引起化脓菌感染，造成创口化脓。

【诊断】　本病主要发生于从春季开始在牧场上放牧的牛群，舍饲牛一般不发病。结合流行病学调查、临床表现，可做出初步诊断。如果在瘤状肿内检出虫体，即可确诊。

【防治】

（1）预防 加强牛体卫生，牛舍、运动场定期用除虫菊酯喷雾消毒；也可用蝇毒磷进行药物预防。

（2）治疗 伊维菌素按每千克体重0.2毫克，一次皮下注射。

第八节 犊牛常见病

犊牛一般指从初生到断奶阶段（一般6~8月龄断奶）的小牛。犊牛身体机能不完善，自身免疫力较差，感染疾病的概率远远高于成年牛。因此，要掌握犊牛常见疾病的防治知识，把犊牛疾病造成的经济损失降到最低。

一、窒息

新生犊牛窒息，也称犊牛假死。

【病因】 分娩时胎儿排出时间过长或排出受阻，脐带受到压迫或脐带缠绕，母牛分娩时大出血或其他致胎儿缺氧的疾病均可导致窒息的发生。

【临床症状】 窒息程度较轻时，犊牛呼吸微弱而急促，时间稍长，可视黏膜发绀，舌垂口外，口、鼻内充满羊水和黏液，心跳和脉搏快而弱，仅角膜存在反射；严重窒息时，犊牛呼吸停止，可视黏膜苍白，全身松软，反射消失，摸不到脉搏，只能听到心跳，呈假死状。

【治疗】

（1）清除口腔、鼻孔内的羊水和黏液 提举后肢，使犊牛头朝下，拍打或轻度压迫胸腹部，摇动牛体，使吸入呼吸道的羊水、黏液等排出，并用纱布将口腔、鼻孔擦干净。

（2）诱导呼吸 可先用草秸等刺激犊牛鼻腔黏膜，如果不起效，可肌内注射25%尼可刹米1.5毫升，同时进行人工呼吸，有节奏地按压胸腹壁，使胸腔交替扩展和缩小，并来回推拉两前肢，使其向外扩张和向里压拢。做人工呼吸时，必须耐心，出现正常呼吸才能停止。

二、脐炎

脐炎是新生犊牛脐血管及周围组织发炎。

【病因】 助产时脐带消毒不严，脐带受到污染或犊牛互相舐吸均可导致脐带受病菌感染发生脐炎。

【临床症状】　主要表现为脐部周围充血、肿胀、发热，弓腰，不愿行走。严重者脐部形成脓肿、瘘管，流出带有臭味的浓稠黏液。在脐带中央及其根部皮下，可以摸到如铅笔杆粗的硬索状物。

【防治】

（1）预防　保持产房、圈舍清洁卫生，脐带不进行结扎、包扎，碘酊消毒，防止感染发炎。

（2）治疗　脐部先剪毛消毒，再用青霉素普鲁卡因注射液在脐孔周围皮下分点注射，并于局部涂以松馏油与5%碘酊等量合剂。如果出现脓肿和坏死，应先排出脓肿中液体和去除坏死组织，用消毒液清洗后，再涂抹磺胺粉及其他抗菌消炎药物，并用绷带将局部包扎好。

三、便秘

犊牛出生后，超过24小时不排出胎粪称为便秘或胎粪停滞。

【病因】　新生犊牛身体虚弱、未吃到或未吃足初乳导致便秘。

【临床症状】　表现出不安、拱背、翘尾做排粪状，严重时腹痛、食欲减退，脉搏快而弱，全身衰竭。直肠检查，可以摸到干硬的粪块。

【治疗】　用温肥皂水灌肠，使粪便软化，以便排出。口服适量植物油或液状石蜡，热敷及按摩腹部，也有助于粪便排出。

四、佝偻病

犊牛佝偻病主要是因为维生素D缺乏和饲料中的钙、磷不足或比例不当而引发。

【病因】　维生素D缺乏，钙、磷不足或比例不当。

【临床症状】　本病常见于母乳不足、体质欠佳的犊牛，尤其是冬春季节出生的舍饲牛。病初呈现精神沉郁，不喜动，运动困难，跛行，四肢长骨弯曲变形，肋骨与肋软骨连接处呈算珠样肿，牙齿咬合不全，生长发育延迟，营养不良，被毛粗乱，贫血。

【防治】

（1）预防　对妊娠和分娩母牛，要保证足够的青草和充足的阳光照射。扩大犊牛的活动范围，常晒太阳。

（2）治疗　病犊牛肌内注射维生素D胶性钙或维丁胶性钙，剂量为5~10毫升，每天1次，连用3~5天。同时可在饲料中添加鱼肝油每头

15~20 毫升，连用 1 周。

五、肺炎

肺炎是附带有严重呼吸障碍的肺部炎症性疾病，初生至 2 月龄的犊牛多发。

【病因】 主要原因是管理不当，寒冷、场地潮湿等导致病菌感染。

【临床症状】 病牛不采食，喜卧，鼻镜干燥，体温升高，精神委顿，咳嗽，鼻孔有分泌物流出，呼吸困难，肺部听诊有异常呼吸音。

【防治】

（1）预防 合理饲养妊娠母牛，使母牛得到必需的营养，生产健壮的犊牛。保持牛舍清洁、干燥，通风透气，防止贼风。

（2）治疗 青霉素按每千克体重 1.3 万~1.4 万单位，链霉素按每千克体重 3 万~3.5 万单位，每天肌内注射 2~3 次，连用 5~7 天。也可用卡那霉素或新霉素肌内注射，每天 2 次，连续 7 天。

六、感冒

感冒是在寒冷等因素作用下，机体抵抗力下降，导致上呼吸道炎性变化为主的急性全身性疾病。

【病因】 主要是气温多变，突然受寒冷侵袭，犊牛自身抵抗力低，适应力较差，易发感冒。冬季及早春、晚秋多发。

【临床症状】 病牛精神沉郁，时有流泪，鼻流清液，食欲减退至废绝，体温有时高达 41℃ 以上，鼻端、耳尖及四肢末梢发凉。病犊牛畏寒怕冷、皮肤紧缩。

【防治】

（1）预防 除加强饲养管理外，应防止天气突变时受寒。发现病牛要及时隔离，并供给温水饮用。

（2）治疗 本病治疗以解热镇痛、祛风散寒为主。可肌内注射复方氨基比林或 30% 安乃近 20~30 毫升，每天 1~2 次。为预防继发感染，在使用镇痛剂后，体温仍不下降或症状没有减轻时，可适当使用磺胺类药物或抗生素。

七、口炎

口炎是口腔黏膜及深层组织炎症的总称，也称为口膜炎。

【病因】

1）多因采食粗硬的饲料，食入尖锐异物或谷类的芒刺，以及牙齿磨灭不齐引发。

2）误食有刺激性的物质，如生石灰、氨水和高浓度刺激性的药物等。

3）采食发霉的饲草可引起霉菌性口炎。

4）吃了有毒植物和维生素缺乏等。

5）继发于某些传染病，如口蹄疫、牛恶性卡他热等。

【临床症状】　病牛咀嚼缓慢、疼痛，小心咀嚼，严重的不能采食。唾液多，流涎，呈丝状带有泡沫从口角流出。口腔内温度增高，黏膜潮红肿胀，舌苔厚腻，气味恶臭，有的口黏膜上有水疱或水疱破溃后形成溃疡。

【治疗】

先去除病因，如除去口腔异物，修整或拔除病齿。继发性口炎应及时治疗原发病。

1）可用1%氯化钠，2%～3%硼酸或2%～3%碳酸氢钠冲洗口腔，每天2～3次。口腔恶臭，用0.1%高锰酸钾清洁口腔。口腔分泌物过多时，可用1%明矾或1%盐酸吖啶黄冲洗。

2）口腔黏膜溃烂或溃疡，冲洗后可用2%～3%碘甘油（1∶9），或1%甲紫涂抹，每天2次。

3）体温升高，食欲废绝时，静脉注射10～25%葡萄糖1000～1500毫升，结合青霉素或磺胺制剂疗法等，每天2次经胃管投入流质饲料。

第九节　母牛常见病

为了保证牛的正常繁殖，对母牛产科病、繁殖障碍等疾病进行有效防治十分重要。

一、难产

母牛分娩时，胎儿不能由产道顺利产出称为难产。若助产不及时或助产不当，可造成母牛及胎儿的死亡。

【病因】　难产主要取决于产道、产力和胎儿三个方面的因素。

（1）产道异常　骨盆狭窄、畸形、骨折，子宫颈、阴道瘢痕，均可造成产道狭窄或变形而至难产。母牛初配过早，不等机体成熟即给其配种，易造成难产。

（2）产力异常　母牛营养不良、缺乏运动、疾病、分娩时外界因素干扰，使母牛产力减弱或不足，造成难产。

（3）胎儿异常　胎儿过大、畸形，胎向、胎位、胎势异常等，均可导致难产发生。

【难产的检查】

1）查清母牛的妊娠时间、胎次及病史。

2）观察母牛全身状况，如体温、心跳、呼吸、精神状况及努责情况等。

3）检查产道，手臂消毒，伸入产道，检查产道的松软程度及骨盆大小、形状等。

4）检查胎儿，通过触诊判断胎儿的生死，并判定胎儿的胎向、胎位、胎势，为助产做准备。

【常见的难产及助产方法】

（1）阵缩与努责微弱

1）症状。妊娠期满，具备分娩预兆，胎位正常，子宫颈张开，胎儿头部已到子宫颈口，两前肢进入阴道，胎儿活着，但母牛努责次数少、持续时间短、力量弱。

2）助产。首先进行药物治疗，可肌内注射缩宫素 5～10 毫升，以增强母牛子宫收缩力，一般可起效。用药一段时间仍不能产出时，需采用牵引术助产，助产人员将手臂伸入产道，把胎儿两前肢拉齐，用消毒的产科绳固定，用手在产道中握住胎儿的下颌慢慢向外拉，助手协同用力牵引产科绳，最后将胎儿拉出。

注意　助产人员的手臂要彻底消毒，牵引困难时，可在产道内灌注消毒的液状石蜡。

（2）子宫颈、阴道及阴门狭窄

1）症状。母牛具备分娩预兆，阵缩、努责正常，但较长时间不见胎儿或胎膜露出。阴道检查时，发现子宫颈硬且无弹性，子宫颈口开张不全，紧紧裹住胎儿的前肢和前额。

2）助产。助产人员将手臂伸入产道，用产科绳固定胎儿的前肢或后肢，并用手扩张子宫颈，助手随着母牛努责，逐渐用力强行拉出胎儿。

（3）胎儿性难产 胎儿性难产主要是由胎儿的胎向、胎位、胎势异常及胎儿过大致胎儿不能顺利通过产道而引起的难产。

1）头颈姿势异常。由头颈姿势异常导致的难产在胎儿难产中比较常见，主要有头颈侧弯、头颈下弯、头向后仰等姿势。在实际操作中，无论是哪种头颈姿势异常，首选矫正术助产。助产人员将手臂伸入产道，握住胎儿的下颌或上颌，用力向相反的方向矫正，并慢慢向外拉，助手同时向外牵引胎儿的肢体。

2）前后肢姿势异常。顺产时，胎儿的前后肢姿势都应该是伸直的，否则就容易难产。助产方法是采用推拉并用的措施，将屈曲的肢体矫正伸直后，再用产科绳牵引拉出胎儿。

3）胎儿过大。一般先在产道灌注润滑剂，再依次牵拉前肢，以缩小胎儿肩部的横径，再配合母牛的努责，将胎儿拉出。

二、流产

流产即妊娠中断，是由于内外多种因素的作用，扰乱母体和胎儿正常的孕育关系所致。

【病因】

（1）普通流产 造成普通流产常有几个原因：母牛患有普通疾病及其他有害因素使胚胎发育不良；胎膜及胎盘异常；母牛内分泌失调；长期营养不良或营养成分缺失；管理不当，造成机械性损伤；医疗错误，如失血过多、药量过大等；采食发霉青贮饲料、干草、玉米等。

（2）传染性流产 母牛患传染病，如布鲁氏菌病、钩端螺旋体病、弧菌病、沙门菌病、传染性气管炎、霉菌性流产、衣原体病、李氏杆菌病、流行性热等可导致母牛流产。

（3）寄生虫性流产 母牛患寄生虫病，如滴虫病、焦虫病、血吸虫病、肉孢子虫病、新孢子虫病等可导致母牛流产。

【临床症状】

（1）隐性流产 变性死亡且很小的胚胎被母体吸收或随尿液排出，临床上看不到任何症状。

（2）**小产**　产出不足月的未变化的死亡胎儿，这是最为常见的流产方式。在临床上常无预兆，阴道检查可见子宫颈开张，黏液稀薄。

（3）**早产**　指排出不足月的活胎儿。早产的预兆与过程与正常分娩相似，产下的胎儿也是活的，但未足月，一般很难长时间存活。

（4）**延期流产**　胎儿死亡后，如果子宫阵缩微弱，子宫颈不开或开放不大，死胎长期滞留于子宫内，最终结果为胎儿干尸化或胎儿浸溶。

【防治】　流产一旦有所表现，常无法阻止。

1）大规模发生流产时，要迅速查找病因，必要时需进行化验室检验。

2）对先兆流产应视情况先保胎，可注射孕酮，若保不住，应促使死胎尽快排出。

3）发生延期流产或胎儿干尸化时，可注射前列腺素或地塞米松进行引产。

4）发生延期流产胎儿浸溶，应取出胎儿或未液化的骨骼，并用温水消毒液（10%氯化钠）冲洗子宫，必要时进行全身治疗。

5）加强流产母牛的护理，使其尽快恢复。

三、胎衣不下

牛正常分娩后，超过 12 小时（夏季）或 18 小时（春、秋、冬季）胎衣仍不排出体外，称为胎衣不下。

【病因】

1）母牛营养不良、缺乏运动、胎儿过多过大或羊水过多均可致使产后子宫收缩无力。

2）发生子宫内膜炎或胎盘炎，导致胎儿胎盘与母体胎盘炎性粘连。

3）产后子宫颈收缩过早，产道受阻，导致胎衣不下。

【临床症状】

（1）**全部胎衣不下**　可见部分已分离的胎衣垂悬于阴门外，呈土红色或灰褐色的绳索状。

（2）**部分胎衣不下**　胎衣大部分已排出，部分残留在子宫，阴门常流出红褐色液体。

【治疗】

（1）**药物治疗**　肌内或皮下注射催产素，促进子宫收缩。剂量为

50~100 单位，注射 2 次，间隔时间为 2 小时，最好在产后 8~12 小时注射；子宫内注入 5%~10% 氯化钠 1~3 升，可促进胎儿胎盘缩小后从母体胎盘上脱落，并有刺激子宫收缩的作用；子宫黏膜与胎盘之间加入抗生素（金霉素、土霉素或四环素）0.5~1 克，预防胎盘腐败及子宫感染。也可用茯苓 50~200 克，加水 0.5 升，煮 10~60 分钟，加食盐 20~100 克、红糖（或白糖）100~500 克，一次灌服。

（2）手术剥离　如经药物治疗 1~3 天胎衣仍无法排出时，应立即进行胎衣剥离手术。手术前将牛站立保定，用 1% 甲酚皂溶液把外阴、尾根及露出的胎膜洗净消毒，将尾拉向前侧方向拴好。左手握住露出阴门外的胎膜，右手沿胎膜与阴道黏膜之间插入子宫内，先摸到最近粘连的胎儿子叶与子宫子叶，并把子宫子叶夹在食指与中指之间，用拇指轻轻下翻剥离胎儿子叶，使之与子宫子叶分离，同时左手轻轻牵拉露出阴门外胎衣。胎衣剥完后，必须用 0.1% 高锰酸钾或其他刺激性小的消毒液冲洗，防止子宫内膜感染。

四、子宫内翻及脱出

子宫角前端翻转突入阴道内称为子宫内翻。子宫的一部分或全部翻转凸出于阴门外称为子宫脱出。

【病因】　母牛衰老，营养不良，缺乏运动，胎次过多，胎儿过大或过多，胎水过多，导致子宫肌收缩减弱或子宫肌过度拉伸而迟缓是其发生的主要原因。分娩时母牛努责过强，腹压过大易发生子宫脱出。难产时产道干涩，拉动胎儿过快，造成宫腔负压，子宫随胎儿翻出。胎衣不下、腹泻、疝痛引起腹压增大，也可导致子宫脱出。

【临床症状】　子宫内翻及脱出程度有差异，症状也会不同。子宫内翻时母牛不安、频频努责，举尾，随时间延长，发展为子宫脱出。脱出的子宫悬垂于阴门外如囊状、柔软，初呈红色，表面横列子宫阜呈暗红紫色，其上并附有部分胎衣。随后黏膜瘀血，水肿，发硬或结痂，呈暗红色。

【治疗】　子宫脱出时需及时进行手术整复，脱出时间越长，肿胀越严重，损伤越多，整复后妊娠就越困难。

一般按下列顺序处理：①保定（病牛持前低后高式）；②荐尾麻醉；③温消毒液自上而下清洗；④清理、缝合或收敛（用 3% 明矾）；⑤整复还纳（有远端整复法和近阴门端逐步整复法）；⑥向子宫内投入适当抗生素；⑦一般采用纽扣状缝合固定阴门；⑧必要时实行子宫切除术。

五、子宫内膜炎

子宫内膜炎是母牛分娩时或产后子宫感染引起的炎症。根据病程可分为急性和慢性两种，临床上以慢性较为多见，常由急性未及时或未彻底治愈转化而来。

【病因】 多见于产道损伤、难产、流产、子宫脱出、阴道脱出、阴道炎、子宫颈炎、恶露停滞、胎衣不下，以及人工授精或阴道检查时消毒不严，致使有害微生物侵入子宫而引起。

【临床症状】 病牛一般无全身症状，或体温略有升高，食欲减退，产奶量下降。急性子宫内膜炎，产后5~6天，阴门流出大量恶臭的液体，呈灰褐色，有时含有絮状物；慢性子宫内膜炎，经常由阴门流出脓性分泌物、特别是在发情时排出较多，阴道和子宫颈黏膜充血，性周期紊乱或不发情，屡配不孕。

【防治】

（1）预防 人工授精时必须严格遵守操作规程，防止母牛子宫感染。在分娩接产及难产助产时，必须注意消毒，患有生殖器官炎症的病牛在治愈前不宜配种。

（2）治疗 对慢性及其含有脓性分泌物的病牛，可用0.1%高锰酸钾或3%~5%氯化钠冲洗子宫；对于子宫蓄脓症，可用前列腺素及其类似物，一次向子宫腔内注射2~6毫克，能获得良好效果；对纤维蛋白性子宫内膜炎，禁止冲洗子宫，以防炎症扩散，可用药物促使子宫收缩，排出子宫内渗出物。

六、乳腺炎

乳腺炎是母牛乳房的炎症，多发生于母牛的泌乳期。

【病因】

1）圈舍卫生条件差，清粪不及时，消毒不严，致使病菌通过乳头侵入乳房。

2）管理不当，母牛互相顶撞造成外伤或其他机械碰撞，引起乳房外部或内部炎症。

3）泌乳期精饲料饲喂过多，泌乳能力过强，引起乳腺炎症。

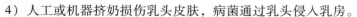

4）人工或机器挤奶损伤乳头皮肤，病菌通过乳头侵入乳房。

【临床症状】　根据发病过程，可分为急性型、慢性型、隐性型三种。

（1）急性型　乳房患部出现红、肿、热、痛现象，乳上淋巴结肿胀，产奶量急剧下降，严重者停奶，乳汁稀薄，内含絮片、凝块、浓汁或血液。病牛出现精神沉郁，食欲减退，体温升高等症状。

（2）慢性型　急性未治愈，发展为慢性型。主要症状是乳汁内含絮片、凝块、浓汁。病牛出现精神委顿，食欲减退，产奶量下降等症状。

（3）隐性型　如未彻底治愈，由慢性型转为隐性型。隐性型乳腺炎无全身及乳房症状，但乳腺炎检测呈阳性。

【防治】

（1）预防　加强饲养管理，保持圈舍清洁卫生，严格消毒。挤奶前，用0.1%高锰酸钾对乳头消毒。配制全价合理的日粮，减少乳腺炎的发生率。经常进行乳房检测，及时发现，及时治疗。

（2）治疗　以抗菌素、磺胺类药物为主，采用乳房注射法，同时采用乳房热敷和按摩的局部疗法，这样对慢性乳腺炎可促进血液循环；而对急性病例，发热或出血块或有疼痛感的需采用冷敷疗法。

参 考 文 献

[1] 计成. 动物营养学 [M]. 北京：高等教育出版社，2008.

[2] 王加启. 反刍动物营养学研究方法 [M]. 北京：中国出版集团现代教育出版社，2011.

[3] 国家牧草产业技术体系. 牧草标准化生产管理技术规范 [M]. 北京：科学出版社，2014.

[4] 王加启. 肉牛的饲料与营养 [M]. 北京：科学技术文献出版社，2000.

[5] 彭成斌. 肉牛的日粮配合技术 [J]. 植物医生，2016，29（7）：41-42.

[6] 曹玉凤，李建国. 肉牛标准化养殖技术 [M]. 北京：中国农业大学出版社，2004.

[7] 张力，许尚忠. 肉牛饲料配制及配方 [M]. 2版. 北京：中国农业出版社，2007.

[8] 魏建英，方占山. 肉牛高效饲养管理技术 [M]. 北京：中国农业出版社，2005.

[9] 毛永江. 肉牛健康高效养殖 [M]. 北京：金盾出版社，2009.

[10] 曹宁贤. 肉牛饲料与饲养新技术 [M]. 北京：中国农业科学技术出版社，2008.

[11] 罗晓瑜，刘长春. 肉牛养殖主推技术 [M]. 北京：中国农业科学技术出版社，2013.

[12] 全国畜牧总站. 肉牛标准化养殖技术图册 [M]. 北京：中国农业科学技术出版社，2012.

[13] 徐华，车瑞香. 肉牛集约化健康养殖技术 [M]. 北京：中国农业科学技术出版社，2016.

[14] 全国畜牧总站. 种公牛培育技术手册 [M]. 北京：中国农业出版社，2015.